SITZUNGSBERICHTE DER SÄCHSISCHEN AKADEMIE
DER WISSENSCHAFTEN ZU LEIPZIG

Mathematisch-naturwissenschaftliche Klasse
Band 106 · Heft 6

WALTER BREDNOW

TIER UND MENSCH IN GOETHES NATURWISSENSCHAFTLICHER SICHT

AKADEMIE-VERLAG · BERLIN
1965

BERICHTE ÜBER DIE VERHANDLUNGEN DER SÄCHSISCHEN AKADEMIE DER WISSENSCHAFTEN ZU LEIPZIG

MATHEMATISCH-NATURWISSENSCHAFTLICHE KLASSE

Verfasser- und Sachregister 1896–1945 der Abhandlungen und Berichte
1961. 100 Seiten – gr. 8° – MDN 7,80

Band 97

Heft 1 Prof. Dr. ERICH STRACK, Beobachtungen über den endogenen Anteil des Kot-Stickstoffs
1949. 24 Seiten – 8° – MDN 2,50 (*vergriffen*)

Heft 2 Prof. Dr. ERNST HÖLDER, Über die Variationsprinzipe der Mechanik der Kontinua
1950. 13 Seiten – 8° – MDN 2,75 (*vergriffen*)

Heft 3 Dr. H. GERSTNER / Dr. H. BAARK / Dr. H. GRAUL, Der Wechselstromwiderstand der Froschhaut
1950. 25 Seiten – 8° – MDN 2,75 (*vergriffen*)

Heft 4 Prof. Dr. HERBERT BECKERT, Existenz- und Eindeutigkeitsbeweise für das Differenzenverfahren zur Lösung des Anfangswertproblems, des gemischten Anfangs-Randwert- und des charakteristischen Problems einer hyperbolischen Differentialgleichung zweiter Ordnung mit zwei unabhängigen Variablen 1950. 42 Seiten – 8° – MDN 9,– (*vergriffen*)

Heft 5 Prof. Dr. HERBERT BECKERT, Über quasilineare hyperbolische Systeme partieller Differentialgleichungen erster Ordnung mit zwei unabhängigen Variablen. Das Anfangswertproblem, die gemischte Anfangs-Randwertaufgabe, das charakteristische Problem
1950. 68 Seiten – 8° – MDN 14,50 (*vergriffen*)

Heft 6 Prof. Dr.-Ing. ENNO HEIDEBROEK, Das Verhalten von zähen Flüssigkeiten, insbesondere Schmierflüssigkeiten, in engen Spalten 1952. 40 S. – 24 Abb. – 8° – MDN 5,80 (*vergriffen*)

Heft 7 Prof. Dr. HANS SCHUBERT, Über eine lineare Integrodifferentialgleichung mit Zusatzkern
1950. 52 Seiten – 8° – MDN 9,25 (*vergriffen*)

Heft 8 Dipl.-Phys. HELMAR KRUPP, Bestimmung der allgemeinen Lösung der Schrödinger-Gleichung für Coulomb-Potential 1950. 28 Seiten – 8° – MDN 5,50 (*vergriffen*)

Band 98

Heft 1 Prof. Dr. WALTER SCHNEE, Über magische Quadrate und lineare Gitterpunktprobleme
1951. 48 Seiten – 8° – MDN 4,65 (*vergriffen*)

Heft 2 Prof. Dr.-Ing. ENNO HEIDEBROEK, Über die Beziehungen zwsichen Schmierung und Verschleiß bei geschmierter Gleitreibung Nachdr. 1954. 36 Seiten – 5 Abbildungen – 8° – MDN 2,75

Heft 3 Prof. Dr.-Ing. e. h. KARL KEGEL, Der Salzstock Mirowo bei Provadia in Bulgarien
1951. 26 Seiten – 9 Abbildungen – 8° – MDN 3,– (*vergriffen*)

Heft 4 Prof. Dr. HERBERT BECKERT / Prof. Dr. HANS SALIÉ, Bemerkungen über die Verbiegung hyperbolisch gekrümmter Flächenstücke / Über Abels Verallgemeinerung der binomischen Formel 1951. 22 Seiten – 2 Abbildungen – 8° – MDN 2,25 (*vergriffen*)

Heft 5 Prof. Dr. ERICH STRACK, Die Dauerinfusion als Verfahren zur Erforschung des Kohlenhydratstoffwechsels des Tierkörpers 1952. 20 Seiten – 8° – MDN 2,– (*vergriffen*)

Band 99

Heft 1 Prof. Dr. HEINRICH BRANDT, Über das quadratische Reziprozitätsgesetz
1951. 18 Seiten – 8° – MDN 1,90 (*vergriffen*)

Heft 2 Prof. Dr. GEORG SPACKELER, Der Gebirgsdruck und seine Beherrschung durch den Bergmann
1951. 36 Seiten – 12 Abbildungen – 8° – MDN 1,65 (*vergriffen*)

Heft 3 Prof. Dr. ERNST DIEPSCHLAG, Die Anwendbarkeit der Regelungstechnik in der Hüttenindustrie
1952. 38 Seiten – 12 Abbildungen – 8° – MDN 3,90

Heft 4 Prof. Dr. ALBERT FROMME, Die Bedeutung der Entwicklungsgeschichte, besonders des Mesenchyms für die Klinik 1952. 24 Seiten – 8° – MDN 1,75 (*vergriffen*)

Heft 5 Dr. ROBERT BÖKER, Die Entstehung der Sternsphäre Arats
1952. 68 Seiten – 4 Abbildungen – 2 Falttafeln – 3 Tabellen – 8° – MDN 5,60

Band 100

Heft 1 Prof. Dr. HEINRICH BRANDT, Über Stammfaktoren bei ternären quadratischen Formen
1952. 24 Seiten – 8° – MDN 2,25

Heft 2 Dr. PAUL GÜNTHER, Zur Gültigkeit des Huygens'schen Prinzips bei partiellen Differentialgleichungen vom normalen hyperbolischen Typus 1952. 43 Seiten – 8° – MDN 5,–

Heft 3 Dr. ALFRED MÜLLER, Die Schaubarkeit in der Axonometrie
1952. 22 Seiten – 3 Falttafeln – 8° – MDN 3,–

Heft 4 Prof. Dr.-Ing. ENNO HEIDEBROEK, Die Beziehungen zwischen Härte, Schmierung und Verschleißfestigkeit Nachdruck 1954. 40 Seiten – 10 Abbildungen – 8° – MDN 3,40

SITZUNGSBERICHTE DER SÄCHSISCHEN AKADEMIE
DER WISSENSCHAFTEN ZU LEIPZIG

Mathematisch-naturwissenschaftliche Klasse
Band 106 · Heft 6

WALTER BREDNOW

TIER UND MENSCH IN GOETHES NATURWISSENSCHAFTLICHER SICHT

Mit 12 Tafeln im Anhang

AKADEMIE-VERLAG · BERLIN
1965

Vorgetragen in der Sitzung vom 7. Dezember 1964
Manuskript eingeliefert am 15. Januar 1965
Druckfertig erklärt am 1. Juli 1965

Erschienen im Akademie-Verlag GmbH, 108 Berlin, Leipziger Straße 3—4

Lizenznummer: 202 · 100/410/65
Gesamtherstellung: VEB Druckhaus „Maxim Gorki", 74 Altenburg
Bestellnummer: 2027/106/6 · 18 G 1, 14 G · Preis: MDN 4,90

Goethes naturwissenschaftliche Schriften sind von Biologen und Medizinern und nicht zum wenigsten von naturwissenschaftlich interessierten und gebildeten Geisteswissenschaftlern oft bearbeitet worden, und immer wieder hat das Thema „Tier und Mensch" zu neuer Einsichtnahme gereizt, oft genug sind auch neue Gesichtspunkte aufgedeckt worden, da jede Zeit diese Arbeiten von anderem Standorte sieht. Rühmendes Lob und rückhaltloser Tadel sind über diese Forschungen *Goethes* ausgegossen worden, die für ihn selbst und nicht zum wenigsten auch für sein dichterisches Werk gar nicht wegzudenken sind. Es mag als *Goethes* eigenes Urteil über seine vergleichend-anatomischen bzw. zoologischen Arbeiten ein Satz angeführt werden, den er als 81jähriger zu *Eckermann* [1] geäußert hat aus Anlaß des Streites zwischen *Cuvier* und *Geoffroy de St. Hilaire*, auf den später noch einzugehen sein wird. Hier sei nur *Goethes* Freude über die Anerkennung eigener Forschungsrichtung angeführt:

> „... ich juble mit Recht über den endlichen Sieg einer Sache, der ich mein Leben gewidmet habe und die vorzüglich auch die meinige ist." [1]

Das sind große Worte, und wenn er im Alter diese Arbeiten so zentral ansieht, daß er ihnen „sein Leben gewidmet" habe, so liegt darin auch die Berechtigung, sich immer wieder diesem seinem Arbeitsgebiet zuzuwenden.

Dabei stößt man auf die Frage, was denn den jungen *Goethe* bewogen haben mag, sich mit dem Tier in morphologischer bzw. vergleichend-anatomischer Arbeit zu beschäftigen, denn der Bezug auf den jungen *Goethe* muß an den Anfang gesetzt werden, wie aus dem folgenden leicht zu ersehen ist. Wie so oft in wissenschaftlichen Dingen lag im Grunde ein Irrtum vor, ein Irrweg, den er zunächst gegangen ist, und der von jener starken Modeströmung der 70er Jahre ausging, für die *Lavater* der Inaugurator war. Die ersten Hinweise hatte sicher *Herder* gegeben, aber auch *Susanne von Klettenberg* dürfte von ihm erzählt haben. Es war aber auch *Merck*, der zu einer näheren Beschäftigung mit *Lavater* dadurch beigetragen hatte, daß er als neu in die Redaktion der „Frankfurter gelehrten Anzeigen" eingetretener Mitarbeiter *Goethe* um eine Rezension der Schrift *Lavaters*, „Aussichten in die Ewigkeit, in Briefen an Zimmermann“, bat [2]. *Lavater* hat sich sehr anerkennend über diese Rezension ausgesprochen und nie daran gezweifelt, daß *Goethe* der Verfasser war [3]. Dieser schickte ihm 1773 ein Exemplar seines „Götz“, und so war die erste Verbindung geschaffen, durch den Verleger *Deinet* vollzogen.

In „Dichtung und Wahrheit“ [4] geht *Goethe* auf einen Scherz ein, den sich nach dieser Darstellung der für *Lavater* arbeitende junge Frankfurter Maler *Steiner* erlaubt habe. *Lavater* habe diesen um „Profile mehrerer namhafter Menschen“ gebeten, dieser aber hatte das Porträt eines anderen (*Bahrdt*) als das *Goethes* eingeschickt. Der Irrtum bzw. der Scherz wurde aufgeklärt, denn in einem Brief an *Lavater* [5] schreibt *Goethe* zum Schluß: „Steiner hat gefunden, daß mein Portrait das du hast nicht ich sey. Er ist ein gar lieber Mann.“ Ob *Goethe* sich bei der Niederschrift dieses III. Teils seiner Autobiographie nach mehr als 40 Jahren täuscht, oder ob er gar selbst die Hand im Spiele hatte, den großen physiognomischen Wahrsager durch das Unterschieben eines falschen Porträts zu erproben, mag offen bleiben. Auf alle Fälle besteht ein gewisser Widerspruch zwischen der genannten Briefstelle und seiner Äußerung in „Dichtung und Wahrheit“.

Aber im Frühjahr 1774 geht ein von *Susanne von Klettenberg* und *Goethe* gemeinsam verfaßter Brief an *Lavater* ab, der ein von *Goethe* selbst gezeichnetes Porträt der „schönen Seele“ enthält. So ist der Weg zu gemeinsamer Arbeit eigentlich schon gebahnt, nicht zum wenigsten durch eigne zeichnerische Übungen *Goethes*, der schon 1772 an *Herder* schreibt: „Ich bin jetzt ganz Zeichner, habe Muth und Glück“ [6].

Letztlich aber wurden auf der mit *Lavater* und *Basedow* und dem Zeichner *Schmoll* unternommenen Reise nach Ems, sowie der anschließenden Fahrt auf Lahn und Rhein Fragen der Physiognomik besprochen und *Goethe* für die Mitarbeit an *Lavaters* großem Werk „Physiognomische Fragmente“ [7] gewonnen. Der erste Band erschien 1775 mit dem Motto: „Gott schuf den Menschen sich zum Bilde“ und mit dem Hinweis: „zur Beförderung der Menschenkenntnis und Menschenliebe“. So scheint dieses Werk zunächst nichts mit der Physiognomik des Tieres zu tun zu haben, und der erste Band enthält auch keinen Artikel dieser Art. Dem Ziel der „Menschenkenntnis und Menschenliebe“ aber diente die Tafel mit den 20 Silhouetten (Abb. 1) von „Liebenden und Geliebten“. Jede der abgebildeten Personen wird von *Lavater* physiognomisch-psychologisch charakterisiert und in seinem eigenen Verhältnis zu der dargestellten Person gekennzeichnet. Silhouette 9 ist *Lavater* selbst, und in aller ihm eigenen Bescheidenheit kennzeichnet er sich in langen Ausführungen, die seine liebevolle Hingabe an jeden der 19 Dargestellten, ja an die Menschheit, aussprechen. Besonders ausführlich ist die Schilderung seiner Zuwendung zu Nr. 20. Er spricht von Nr. 9, also von sich selbst:

„... er entblösst dem 20 (der in der Natur das Kleinliche um den Mund nicht hat, wie in der Silhouette), die allertiefsten Wurzeln seiner Individualität — und bietet ihm von der höchsten Spitze eines Gipfels die Hand auf die entgegenstehende höchste Spitze eines andern hinüber. Man verzeihe! ich habe zu wenig gesagt! man verzeihe! ich habe viel gesagt — aus Liebe zu meinen Lesern — und zu Herzen, die Herzen suchen."

Das ist der *Lavater*, den *Mary Lavater-Sloman* in ihrem Buch „Genie des Herzens" so lebendig dargestellt hat, auch unter Zugrundelegung unveröffentlichten Materials [8]. In seiner Interpretation in bezug auf Nr. 20 fährt *Lavater* dann fort:

„Ich bin völlig überzeugt, dass der diess Blatt studieren wird, und besonders das Verhältniss von 9, den ich am besten kenne, so wie alle seine Verhältnisse mit den übrigen, sein physiognomisches Verhältniss sag' ich zu allen übrigen Physiognomien — dass der lernen wird, Grade von Linien und Umrissen zu finden, die das Verhältnis der Freundschaftlichkeit bestimmen ..."

Und als er auf 20 als eine eigenständige Persönlichkeit zu sprechen kommt, auf diese Silhouette, was sie in der Wiedergabe der Persönlichkeit bedeutet, da heißt es nur:

„— thut alles um Liebe."

Das ist der Wahlspruch des jungen *Goethe* in jenen und den folgenden Weimarer Jahren, der seinem Petschaft eingeprägt ist. Mit diesem „Alles um Liebe" — in einen Kreis eingeschlossen — siegelte er gelegentlich Briefe, die an *Herder* und an Frau *von Stein* gerichtet waren.

Der I. Band der „Physiognomischen Fragmente" enthält keinen Beitrag, den man mit Sicherheit auf *Goethe* als Verfasser beziehen könnte, aber am Schluß dieses Bandes stehen 2 Strophen des Gedichts, das er am 5. 12. 1774 an *Merck* schickte; diese beiden Schlußstrophen sind dort überschrieben:

Beschluss.

Lied eines physiognomischen Zeichners.

Ach dass die innre Schöpfungskraft
Durch meinen Sinn erschölle!
Dass eine Bildung voller Saft
Aus meinen Fingern quölle!
Ich zittre nur und stottre nur
Und kann es doch nicht lassen;

Ich fühl' ich kenne dich, Natur,
Und so muss ich dich fassen.
Wenn ich bedenk' wie manches Jahr
Sich schon mein Sinn erschliesset,
Wie er, wo dürre Haide war,
Nun Freudenquell geniesset;
Da ahnd' ich ganz Natur nach dir,
Dich frey und lieb zu fühlen,
Ein lust'ger Springbrunn wirst du mir
Aus tausend Röhren spielen;
Wirst alle meine Kräfte mir
In meinem Sinn erheitern,
Und dieses enge Daseyn hier
Zur Ewigkeit erweitern.

den 19. April 1775.

Hier ist schon die Grundrichtung nicht nur seiner damaligen tastenden physiognomischen Bemühungen, sondern letztlich schon der Grundzug seiner Naturbetrachtung ausgedrückt, die eben nicht rein deskriptiven Charakter haben soll, deren Ziel es vielmehr sein soll, eine gleichsam nachschaffende Naturbetrachtung zu verwirklichen:

„Ach dass die innre Schöpfungskraft
Durch meinen Sinn erschölle . . .“

heißt es hier; die „innre Schöpfungskraft“ der Natur will er zu fassen suchen und zeichnerisch nachschaffend darstellen, um dann, wie es in den Schlußversen heißt:

„dieses enge Daseyn hier
Zur Ewigkeit erweitern.“

Wenngleich der Mensch der eigentliche Gegenstand des Werkes ist mit dem Ziel der „Menschenkenntnis und Menschenliebe“, so wird doch im II. Band schon sehr deutlich, daß die Physiognomik auch auf die Tierwelt ausgedehnt wird. Es geschieht dies nicht zum wenigsten deswegen, um aus der Sicht der Gottesebenbildlichkeit des Menschen und seiner Physiognomik den großen Abstand zwischen Tier und Mensch hervorzuheben. So mußte logischerweise dem „unvollkommeneren Bruder“, dem Affen, besondere Aufmerksamkeit zugewendet werden, und Abbildungen zahlreicher Affenköpfe und Affenschädel, von dem Züricher Zeichner und Kupferstecher *Heinrich Lips* wiedergegeben, sind dafür ein Zeugnis. Die Moral durfte hier natürlich nicht fehlen, und sie tritt denn auch überdeutlich am Ende dieses Kapitels hervor mit den Sätzen:

„O Mensch, du bist kein Affe — und der Affe ist kein Mensch. Erniedrige dich nicht zum Affen, — freue dich, Mensch zu seyn, und sey, was du bist, und nicht, was andere sind, nicht sind, seyn wollen.“

Die methodische Unzulänglichkeit der Anwendung anthropomorpher Physiognomik auf das Tier ist von *Lavater* damals sicher nicht erkannt worden, und auch *Goethe* hat in jener Zeit keinen Anstoß daran genommen; dazu waren wohl die Darstellungen der Tierköpfe und Tiergesichter allzu verlockend und hübsch, wie die Abbildung zweier Elefantenköpfe zeigt (Abb. 2); ihr ist der Text beigefügt:

„Bemerkt den Elephantenschädel — Stirnen von diesem Umrisse nicht zwar scharfe, tiefe Denker — aber heller, vielfassender, gedächtnisreicher, offner, witziger Köpfe.“

In der Tat ist ja in beide Elefantenköpfe List, Witz und Überlegenheit hineingezeichnet, so daß man seinen Spaß an einer solchen Vermenschlichung wohl haben kann.

Goethes Mitarbeit an *Lavaters* vierbändigem Werk ist an mehreren Stellen zu erweisen, sei es durch *Lavater* selbst, sei es durch *Goethes* eigene Äußerungen. 1888 hat *von der Hellen* [9] mit sauberster philologischer Akribie die verborgenen Spuren darüber hinaus aufzudecken gesucht. *Goethe* selbst hat, wie *Eckermann* [1] nach einem Gespräch im Februar 1829, also mehr als 50 Jahre später berichtet, Entscheidendes über das physiognomische Werk gesagt und über seinen eigenen Anteil daran: *Lavaters* Tendenz sei nicht die Erforschung der Natur gewesen, sondern ,,seine Richtung ging bloß auf das Sittliche, Religiöse. Was in *Lavaters* Physiognomik über Tierschädel vorkommt, ist von mir.“ Seine Tendenz ging immer mehr dahin, aus dem Knochenbau, dem Schädel also, als der Grundlage der Weichteile, Entscheidendes für die Physiognomik abzuleiten. Ganz naturphilosophisch wird gesagt, daß der Schädel des Menschen als Gewölbe gleichsam schon die Wölbung des Himmels andeute, während der Tierschädel von Schnauze und Rachen eben nur zum „Spüren, Kauen und Schlingen“ gebildet sei. So heißt es in seinem Abschnitt, einem „Eingang“ vorangesetzt, als Einführung in diesen zweiten Abschnitt des II. Bandes, die zu der Berücksichtigung der Tiere einleiten soll. Der Knochenbau — so heißt es — zeige den Wesensunterschied von Tier und Mensch schon deutlich an:

„Wie die ganze Gestalt als Grundpfeiler des Gewölbes dasteht, in dem sich der Himmel bespiegeln soll! Wie unser Schädel sich wölbt, gleich dem Himmel über uns, damit das reine Bild der ewigen Sphären drinnen kreisen könne! Wie dieser Behälter des Gehirns den grössten Theil unsers Kopfes ausmacht! Wie über den Kiefern alle

Empfindungen auf- und absteigen und sich auf den Lippen versammeln! Wie das Auge das beredteste von allen Organen, wo nicht Worte, doch bald der freundlichen Liebehingebenheit, bald der grimmigen Anstrengung der Wangen, und aller Abschattungen dazwischen bedarf, um auszudrücken, ach nur um zu stammeln, was die innersten Tiefen der Menschheit durchdringt.

Und wie nun der Thierbau gerade das Gegentheil davon ist . . . Schnautze und Rachen sind die vorzüglichsten Theile eines Kopfes, der nur zum Spüren, Kauen und Schlingen da ist . . ."

Dann aber erinnert er sich seiner speziellen Aufgabe und fährt fort:

„Hier nichts weiter davon, denn ich bedenke, dass ich nur von Schädeln zu reden habe.

An ihrem Unterschiede, der den bestimmten Charakter der Thiere bezeichnet, kann man am stärksten sehen, wie die Knochen die Grundfesten der Bildung sind und die Eigenschaften eines Geschöpfes umfassen. Die beweglichen Theile formen sich nach ihnen, eigentlich zu sagen mit ihnen, und treiben ihr Spiel nur in so weit es die festen vergönnen."

Aber dann fügt er zum Schluß hinzu:

„Diese Anmerkung, die hier unläugbar ist, wird bey der Anwendung auf die Verschiedenheit der Menschenschädel grossen Widerspruch zu leiden haben."

Das bedeutet doch offenbar, daß die Physiognomik der Tiere, soweit sie Ausdruck der beweglichen Weichteile ist, über den Art-Charakter kaum hinauszugehen vermag, während beim Menschen das Schädelskelett natürlich auch die Grundlage, das Gerüst, ist, der beim Menschen aber eigentlich interessierende Individual-Charakter sich vorzüglich in den Ausdrucksbewegungen der Weichteile manifestiert. Das enthält somit einen Hinweis auf den ganz wesentlichen Unterschied zwischen Mensch und Tier und mahnt gleichzeitig zur Vorsicht in physiognomischer Deutung. Diesen „Eingang" schließt er damit ab und läßt seinen Artikel über „Thierschädel" folgen, dem die Überschrift vorangeht: „Aristoteles von der Physiognomik".

Goethe hat sich sein Leben hindurch immer wieder mit Schriften des *Aristoteles* beschäftigt, und *Schlechta* hat hierüber sehr sorgfältige Nachforschungen [10] angestellt, wenngleich es überwiegend die Poetik gewesen ist, die ihn fesselte und die er auch mit *Schiller* gemeinsam durchgearbeitet hat. Als er jenen Abschnitt über Tierschädel schrieb, meinte er, sich mit einer Schrift des *Aristoteles* zu beschäftigen, während wir heute wissen, daß es sich gerade hier um eine pseudoaristotelische Schrift handelt, die aus der peripatetischen Schule stammt. Dennoch sind entscheidende Unterschiede gegenüber *Aristoteles* nicht anzunehmen. Anders steht es, um dies schon jetzt vorwegzunehmen, um die naturwissenschaftlichen Schriften des

Aristoteles, auf die in späterem Zusammenhange eingegangen werden wird. *Goethe* übersetzt eine entscheidende Stelle jener pseudoaristotelischen Schrift:

„Denn es ist nie ein Thier gewesen, das die Gestalt des einen und die Art des andern gehabt hätte; aber immer seinen eignen Leib und seinen eignen Sinn. So nothwendig bestimmt jeder Körper seine Natur. Wie denn auch ein Kenner die Thiere nach ihrer Gestalt beurteilt, der Reuter die Pferde, der Jäger die Hunde. Wenn das wahr ist, wie's denn ewig wahr bleibt, so giebt's eine Physiognomik".

Schlechta hebt vor allem die Übersetzung *ψυχή* durch „Sinn" in jenem Satz des griechischen Textes hervor:

ἀλλ' ἀεὶ τοῦ αὐτοῦ τό τε σῶμα καῖ τὴν ψυχήν.

Philologisch ist die Übersetzung mit „Sinn" wohl in der Tat anfechtbar, und aus der Naturschau *Goethes* würde man wohl so etwas wie natura naturans im Sinne *Spinozas* oder nisus formativus im Sinne *Blumenbachs* für noch gültiger halten; zehn Jahre später hätte *Goethe* wahrscheinlich die Übersetzung durch „Idee" für bindend gehalten. Bis zu einem gewissen Grade steckt in den zitierten Sätzen freilich auch die Möglichkeit, gewisse seelische Charaktereigenschaften der Tiere abzuleiten, aber im wesentlichen sind es doch Charaktereigenschaften der Art, nicht des Tierindividuums.

Die wiedergegebene Tafel, auf die *Goethe* in seinem Aufsatz sich bezieht (Abb. 3), enthält Zeichnungen nach Werken *Buffons*, 21 Schädel der verschiedensten Tiere, und nun wird der sehr gewaltsame Versuch unternommen, vom Schädelskelett her den Artcharakter der jeweiligen Tierart abzulesen — unter Zugrundelegung der am Menschen gewonnenen physiognomischen Ergebnisse:

„Die Zahmheit der Last- und weidenden Thiere bezeichnet sich durch die langen ebenen, seicht gegen einander laufenden, einwärts gebogenen Linien."

In diese Gruppe werden Pferd (1), Esel (3), Hirsch (5), Schwein (6), Kamel (7), Ochs (4) und Widder (15) eingereiht.

„Die eingebogene Linie von Augknochen zur Nase bey 1 und 3 bezeichnet Duldung."

oder

„An 6 (Schwein) die ab- — leise einwärts gehende, schnell wieder gerad werdende — Starrsinn."

Es verlohnt sich nicht, weitere Einzelheiten seiner Darstellung anzuführen, nur vielleicht das, was er vom Elefanten sagt, weil die oben demonstrierten witzigen Köpfe so hübsch anthropomorph gezeichnet waren.

„Unter allen — wie zeichnet sich (2) der Elephant aus! am meisten Schädel, am meisten Hinterhaupt, und am meisten Stirn- wie wahrer natürlicher Ausdruck von Gedächtnis, Verstand, Klugheit, Kraft und — Delikatesse.—“

Der folgende Abschnitt „Menschenschädel“ ist sicher nicht von *Goethe*, und das ist insofern bemerkenswert, als sein Interesse für den Schädel des Menschen nicht geringer gewesen ist als für Tierschädel; der Text dieses Abschnittes stammt aber offenbar von *Lavater* selbst. Es ist sonderbar und bemerkenswert, daß die physiognomischen Wunderleistungen *Lavaters*, den *Goethe* damals so herzlich liebte, auch auf den Schädel des Tieres bezogen werden; ihm werden bestimmte Deutungen unterlegt, und wenn man absieht etwa von der auch heute bis zu einem gewissen Grade gültigen Aussage, daß auf den großen Hirnschädel des Elefanten viele seiner vorzüglichen Eigenschaften hinweisen, so bleibt doch die Nahtstelle, die der junge *Goethe* damals jedenfalls nicht bemerkt hat.

Im nächsten III. Bande geht es darum, auf Grund von Zeichnungen und Silhouetten menschlicher Gesichter physiognomische Deutungen vorzunehmen, nachdem gerade eben das Schädel-Skelett von *Goethe* so betont als das Wesentliche hervorgehoben worden ist. Einerseits erkennt er die grundlegende Bedeutung des Knochenbaus für physiognomische Deutungen an, andererseits hebt er die Ausdruckskraft der Weichteile wie Lippen, Wangen und Augen hervor. Dieser Widerspruch muß noch verstärkt erscheinen in der mehr oder weniger subjektiven Darstellung der Abbildungen, die teils von Plastiken, teils von Stichen herrühren. Ein Teil dieser Abbildungen ist sicher durch den Zeichner *Schmoll* dem Werk hinzugefügt, während andere signierte Wiedergaben von *Heinrich Lips* herrühren. Am objektivsten sind die Schattenrisse, wie *Goethe* sie auch in seiner Schilderung in der „Campagne in Frankreich“ [11] hervorhebt:

„. . . denn die mit Sorgfalt und gutem Geschick auf's genaueste gezogenen Schattenrisse leisteten vollkommene Dienste. Jedermann war darin geübt, und kein Fremder zog vorüber, den man nicht Abends an die Wand geschrieben hätte; die Storchschnäbel durften nicht rasten.“

In gewissem Grade ist das also dem vielfachen Photographieren unserer Tage vergleichbar. Daß freilich nicht alles „mit gutem Geschick“ dargestellt sein konnte, besonders, wenn es sich um Zeichnungen oder Stiche nach plastischen Bildwerken einer idealisierenden spätrömischen Kunst handelte, etwa um Köpfe wie Homer, Brutus, Caesar, Titus u. a. ist wohl klar. Das sah *Goethe* später auch ein, denn im 18. Buch von „Dichtung und Wahrheit“ [12], das 1831 abgeschlossen wurde, also mehr als 50 Jahre nach seiner Zusammenarbeit mit *Lavater* an dessen Werk, schreibt er:

„Seh' ich das Lavaterische Werk nochmals durch, so macht es mir eine komisch-heitere Empfindung; es ist mir, als sähe ich die Schatten mir ehemals sehr bekannter Menschen vor mir, über die ich mich schon einmal geärgert und über die ich mich jetzt nicht erfreuen sollte. — Die Möglichkeit aber so vieles unschicklich Gebildete einigermaßen zusammenzuhalten, lag in dem schönen und entschiedenen Talente des Zeichners und Kupferstechers Lips . . ."

Es ist freilich ein Irrtum, wenn *Goethe* etwa meinte, daß alle Abbildungen von *Lips* stammten; die schöneren und größeren Blätter sind sicher von ihm, da sie ja auch sein Signum tragen, aber ein großer Teil ist von weit weniger begabter Hand, zum großen Teil von *Schmoll*, der schon der Begleiter auf der Rheinreise war [102]. Auf alle Fälle aber empfindet *Goethe* doch auch das nur „einigermaßen" Geglückte. Er hat sich nie darüber ausgesprochen, was er selbst von der Wiedergabe von 4 Personen hielt, die, wie es in dem Werk heißt, „Vier Thorenköpfe, drey männliche, ein weiblicher" sind.

„Hab gestern ein bissgen über die vier Wahnsinnigen und Brutus geklimpert. Bruder, Bruder wie schwer ist's das todte Kupfer zu beleben, wo der Charakter durch missverstandene Striche nur durchschimmert und man immer schwanckt warum das was bedeutet und doch nichts bedeutet. Beym Leben wie anders!

So schreibt er im September 1775 aus Frankfurt an *Lavater*, und so darf man den Schluß ziehen, daß die 4 Stiche von *Goethe* selbst stammen. An diesen „Vier Thorenköpfen" (Abb. 4) beschreibt er fast ausschließlich die abwegigen Ausdrucksbewegungen der Weichteile, den „offenen Mund", die „ecklose Unterlippe", die Ungespanntheit der Züge, die ihm Zeichen der Dummheit, der Hypochondrie oder des „Wahnwitzes" sind. Von Schädelbildung ist in der Analyse kaum die Rede; nur die Stirn wird hervorgehoben, im ganzen sind hier also gerade die Weichteile das Bestimmende, der Schädel ist ja auch vom Haarschopf weithin bedeckt.

Mit der entscheidenden Übersiedlung nach Weimar tritt auch die Mitarbeit an *Lavaters* Werk etwas zurück; immerhin liefert er noch Beiträge für den II. und III. Band (1776 und 1777), aber an dem 1778 erschienenen IV. Band ist er nicht mehr beteiligt. Bald nach seiner Übersiedlung nach Weimar schreibt er an *Lavater* [13]:

„. . . Deine Physiognomik liegt mir am Herzen. Die mir beschiedenen Capitel will machen. Kurz genug und will' Gott bündig und treffend, das ist alles. Denn Ausspinnens ist jetzt nicht Zeit, der ich in verbreiteter Wirtschaft, und Zerstreuung von Morgens und Nacht umgetrieben werde . . ."

Aber es drängt ihn doch, nun eigene vergleichend-anatomische Untersuchungen anzustellen, denn im Januar 1776 schreibt er an *Lavater* [14]:

„Der Herzog hat mir sechs Schädel kommen lassen, habe herrliche Bemerkungen gemacht, die Ew. Hochwürden zu Diensten stehn, wenn dieselben sie nicht ohne mich fanden . . ."

Die neuen Verpflichtungen aber beanspruchen ihn immer mehr:

„Lieber Bruder . . . ich bin nun ganz eingeschifft auf der Woge der Welt — voll entschlossen, zu entdecken, gewinnen, streiten, scheitern oder mich mit aller Ladung in die Luft zu sprengen." [15]

Aber die zunehmende Entfremdung ist nicht aufzuhalten. *Lavaters* eng gebundene religiöse Einstellung und seine mehr oder weniger deutlich ausgesprochene Forderung, der Freund möge sich ihm auf diesem Wege anschließen — „wer nicht für uns ist, der ist wider uns" — bewirkten eine nicht mehr aufzuhaltende allmähliche Trennung. Von der 2. Schweizer Reise schreibt ihm *Goethe*, nachdem ihn *Lavater* auf die Offenbarung Johannis hingewiesen hat, am 28. 10. 1779 [16]:

„. . . ich bin ein sehr irdischer Mensch, mir ist das Gleichniss vom ungerechten Hausvater, vom Verlohrnen Sohn, vom Saemann, von der Perle, vom Groschen ppp. göttlicher . . . als die sieben Bischoffe Leuchter, Hörner Siegel, Sterne und Wehe. Ich dencke auch aus der Wahrheit zu seyn, aber aus der Wahrheit der fünf Sinne und Gott habe Geduld mit mir wie bisher . . ."

Die „Wahrheit der fünf Sinne" drängt ihn in den folgenden Jahren immer stärker in ein wirklich naturwissenschaftliches Fragen und Forschen, und 1781 ist das Jahr, in dem er nachweislich zum ersten Male anatomische Studien beginnt. Vom 28. 10. bis 2. 11. ist er in Jena. Als „moralischer Leibarzt" hatte er den geistesgestörten alten Herrn *von Einsiedel* nach Jena zu bringen und ihn so lange zu beaufsichtigen, bis die herbeigerufenen Söhne sich des Vaters annehmen konnten. Die ihm verbleibende Zeit benutzt er, um bei dem Jenaer Anatomen *Loder* zu arbeiten.

„Mir hat er in diesen 8 Tagen, die wir freylich so viel es meine Wächterschafft litte fast ganz dazu angewanden, Osteologie und Müologie durch demonstrirt." [17]

Und im Jargon eines s e h r jungen Medizinstudenten fährt er in seinem Bericht an *Carl August* fort:

„Zwey Unglückliche waren uns eben zum Glücke gestorben die wir denn auch ziemlich abgeschält und ihnen von dem sündigen Fleische geholfen haben . . ."

Er erinnerte sich wohl an ähnliche Ausdrücke junger Medizinstudenten aus seiner Leipziger und Straßburger Studentenzeit. In „Dichtung und Wahrheit" berichtet er vom Mittagstisch bei dem Mediziner, Hofrat *Ludwig* in Leipzig [18], dessen Tischgesellschaft bestand

„in lauter angehenden oder der Vollendung näheren Ärzten. Ich hörte nun in diesen Stunden gar kein ander Gespräch als von Medicin oder Naturhistorie, und meine Einbildungskraft wurde in ein ganz ander Feld hinüber gezogen ... Viele Benennungen und eine weitläufige Terminologie wurden mir nach und nach bekannt ..."

Später, in Straßburg, hört er Vorlesungen in naturwissenschaftlichen und medizinischen Fächern, so vor allem Chemie und bei dem berühmten *Lobstein* dessen anatomische Kollegs. Da heißt es dann [19]:

„... ich nahm mir vor, recht fleissig zu sein, weil ich bei unserer Societät [d. h. dem Mittagstisch], durch meine wunderlichen Vor- oder vielmehr Überkenntnisse, schon einiges Ansehen und Zutrauen erworben hatte ... Die Anatomie war mir auch desshalb doppelt werth, weil sie mich den widerwärtigsten Anblick ertragen lehrte, indem sie meine Wissbegierde befriedigte ..."

Von solchen Überlegungen her besuchte er auch die Frauenklinik, und abschließend schreibt er hierzu [20):

„Ich habe es auch wirklich darin so weit gebracht, dass nichts dergleichen mich jemals aus der Fassung setzen konnte."

Das ist für einen Jurastudenten immerhin hervorhebenswert, einmal, daß er für naturwissenschaftlich-medizinische Dinge so interessiert ist, andererseits, daß er die Überwindung des Ekelgefühls in höchst systematischer Weise anstrebt.

Er ist in Jena von *Loder* als Lehrer der Anatomie sehr angetan, hat in den wenigen Tagen viel bei ihm gelernt und fühlt sich befähigt, nach dieser doch sehr kurzdauernden Einführung in Weimar Anatomie für Künstler zu unterrichten [100]. Daß es sich da um höchst oberflächliche Einsichten in die Anatomie gehandelt haben kann in dieser einen Woche, bedarf keiner Hervorhebung; dennoch berichtet er [21]:

„... Auf unserer Zeichenakademie habe ich mir diesen Winter vorgenommen mit den Lehrern und Schülern den Knochenbau des menschlichen Körpers durchzugehen, sowohl um ihnen als mir zu nuzen, sie auf das merkwürdige dieser einzigen Gestalt zu führen und sie dadurch auf die erste Stufe zu stellen, das bedeutende in der Nachahmung sichtlicher Dinge zu erkennen und zu suchen. Zugleich behandle ich die Knochen als einen Text, woran sich alles Leben und alles menschliche anhängen lässt, habe dabey den Vortheil zweimal die Woche öffentlich zu reden, und mich über Dinge, die mir werth sind, mit aufmerksamen Menschen zu unterhalten ... Diejenigen Theile die abgehandelt werden zeichnet alsdann ein ieder und macht sie sich zu eigen. Dabey habe ich mir vorgenommen, das Wort Phisiognomik und Phisiognomie gar nicht zu brauchen, vielmehr die Überzeugung davon durch die ganze Reihe des Vortrages einem ieden einleuchten zu lassen. Vielleicht kann ich dir etwas von dem was ich bey näherer Betrachtung der thierischen Ökonomie bemerke zu deinen Arbeiten in der Folge einen nüzlichen Beytrag geben."

Dies schreibt er am 14. Nov. 1781 an *Lavater*, und etwa gleichen Inhalts ist der von demselben Tage an *Merck* gerichtete Brief. Man sieht, daß sich hier doch schon ein neuer Weg abzeichnet, dessen Anfänge im Dunkel von *Lavaters* Physiognomik liegen, dessen Ziel aber die ganz gegenständliche Anatomie wird und hier die höchst greifbare und konkrete Osteologie und Myologie. Daß er die Physiognomik nicht als Aufputz des trockenen Geschäftes verwenden will, mag *Lavater* betrüblich gewesen sein, zumal er neben hochtönenden Lobsprüchen auch sehr häßliche Angriffe zu erdulden hatte, wenn auch freilich nicht nur wegen seiner „Physiognomischen Fragmente“. Wenn man sich erinnert, daß in jenen Jahren *Goethe* sehr ernsthaft von der Malerei angezogen wurde, und daß seine Berufung als Dichter ihm nicht so absolut eindeutig vor Augen stand, so muß man die höchst eigene Verbindung, die er hier einging, als eine sehr kluge Entscheidung ansehen, die Zeichenkunst für Künstler zu verbinden mit dem naturwissenschaftlichen Gegenstand der Anatomie des Menschen. Der Unterricht an der 1781 gegründeten „Freien Zeichenschule“, an dem übrigens auch Frau *von Stein* teilnahm, wurde bis zum 15. Jan. 1782 durchgeführt. Im gleichen Monat kam *Loder* nach Weimar, um eben an dieser Zeichenschule anatomische Präparate zu demonstrieren, denn das Tagebuch vermerkt dazu [22]:

„5. 1. kam Loder. früh demonstration des Arms auf der Akde.
6. 1. früh demonstr. des Herzens durch Loder.
9. 1. . . . um 4 Vorlesung über den Fus . . .
16. 1. . . . In der Akademie die Osteologie geendigt.
Mai 3. . . . Buffon Quadrupedes.“

So gehen die anatomischen Studien also deutlich über die Osteologie des menschlichen Körpers hinaus, denn das Werk *Buffons* lenkt ihn auf die vergleichende Anatomie.

Es geht aber nicht an, in diesem Zusammenhange und zu diesem Zeitpunkt die Bedeutung *Herders* zu übersehen. *Goethe* liest im Dezember 1783 mit *Herder* zusammen [23] dessen „Ideen zur Philosophie der Geschichte der Menschheit“, die im folgenden Jahr zu erscheinen beginnen, und *Falk* berichtet von einem Gespräch mit *Goethe* darüber; dieser habe gesagt [67]:

„Im ersten Bande von Herders ‚Ideen zur Philosophie der Geschichte der Menschheit‘ sind viele Ideen, die mir gehören, besonders im Anfange. Diese Gegenstände wurden von uns damals gemeinschaftlich durchgesprochen. Dazu kam, dass ich mich zu sinnlichen Betrachtungen der Natur geneigter fühlte als Herder, der immer schnell am Ziele sein wollte und die Idee ergriff, wo ich kaum noch einigermassen mit der Anschauung zustande war . . .“

Das, was damals *Herder* und *Goethe* in gemeinsamer Arbeit beschäftigte, waren Gedanken einer Reihe aufsteigender Formen und Kräfte in der Natur, vor allem auch in der Entwicklungsreihe der Lebewesen und also auch des Menschen. Darauf bezieht sich jene entscheidende Stelle in *Herders* Werk [24]:

„Vom Stein zum Kristall, vom Kristall zu den Materien, von diesen zur Pflanzenschöpfung, von den Pflanzen zum Tier, von diesem zum Menschen sahen wir die Form der Organisation steigen, mit ihr auch die Kräfte und Triebe des Geschöpfes vielartiger werden und sich endlich alle in der Gestalt des Menschen, sofern diese sie fassen konnte, vereinen. Bei dem Menschen stand die Reihe still; wir kennen kein Geschöpf über ihm, das vielgestaltiger und künstlicher organisiert sei; er scheint das höchste, wozu eine Erdorganisation gebildet werden konnte.“

Solche Gedanken einer fortlaufend aufsteigenden, nicht wesensmäßig unterbrochenen Reihe in der Entwicklung der Lebewesen widersprechen nun einer These, die den Menschen aus einer solchen Entwicklungsreihe, einer solchen Stufenfolge heraushebt und ihm hinsichtlich seiner Phylogenese eine Sonderstellung zuerteilt. Derart aber waren die Vorstellungen von *Peter Camper* [25] und *Blumenbach* [26], um nur die prominentesten Vertreter der vergleichenden Anatomie jener Zeit zu nennen, die die Lehre vertraten, der Mensch sei eben doch gleichsam ein Sondergeschöpf und im Knochenbau des Schädels von den Tieren wesensmäßig insofern zu unterscheiden, als ihm der Zwischenkiefer, das os intermaxillare, fehle, während er bei allen Säugetieren, auch bei dem Anthropoiden, vorhanden sei. Es konnte *Goethe* nicht einleuchten, daß hier ein wesensmäßiges Unterscheidungsmerkmal vorliegen könne, daß der Mensch sich durch diesen Knochen auch von dem „unvollkommeneren Bruder“, dem Affen, unterscheide. Hier setzt nun seine ganz systematische osteologische Forschungsarbeit ein. Schon im Oktober 1782 wurden Vorarbeiten dieser Art mit des Anatomen *Loder* Hilfe geleistet, und im März 1784 schreibt er den bekannten begeisterten Brief an *Herder* [27], ganz erfüllt von Entdeckerfreude:

„Nach Anleitung des Evangelii muss ich dich auf das eiligste mit einem Glück bekannt machen, das mir zugestossen ist. Ich habe gefunden — weder Gold noch Silber, aber was mir eine unsägliche Freude macht —

das os intermaxillare des Menschen!

Ich verglich mit Lodern Menschen- und Thierschädel, kam auf die Spur und siehe da ist es ... Es soll dich auch recht herzlich freuen, denn es ist wie der Schlusstein zum Menschen, fehlt nicht, ist auch da! Aber wie! Ich habe mirs auch in Verbindung mit deinem Ganzen gedacht, wie schön es da wird.“

Und am gleichen Tage erhält auch Frau *von Stein* die Nachricht [28]:

„ Es ist mir ein köstliches Vergnügen geworden, ich habe eine anatomische Entdeckung gemacht, die wichtig und schön ist . . . Ich habe eine solche Freude, dass sich mir alle Eingeweide bewegen . . .“

Aber zunächst sollte die Entdeckung geheim gehalten werden, weitere Untersuchungen vergleichend-anatomischer Art [98] sollten zusätzliche Bestätigungen erbringen; die erste Niederschrift wird *Merck* übergeben, der bei *Camper* vorsichtig sondieren soll, was dieser von einer solchen Entdeckung eines Outsiders wohl meinen könne. Aber *Merck* ist ängstlich und zögerlich hinsichtlich dieses Auftrages *Camper* gegenüber, und so bleibt das Manuskript lange liegen. Unbeeinflußt aber bleibt *Goethes* Drang nach weiterer Forschung. *Sömmering* wird gebeten, ihm den Schädel eines Elefanten auf vier Wochen auszuleihen [29] und, wenn möglich, auch den Schädel eines Nilpferdes. Wegen der geringeren Entfernung möge man den Elefantenschädel von Kassel nach Eisenach schicken, wohin er nächstens reisen wolle. Und tatsächlich kommt die Sendung in Eisenach an [30]:

„. . . ich verwahre ihn [den Elefantenschädel] in einem kleinen Cabinet, wo ich ihm heimlich die Augenblicke widme, die ich mir abbrechen kann, denn ich darf mir nicht merken lassen, dass ein solches Ungeheuer sich in's Haus geschlichen hat.“

Und in gleichem Sinne schreibt er an Frau *von Stein*:

„Ich halte ihn im innersten Zimmergen versteckt, damit man mich nicht für toll halte. Meine Hauswirtin glaubt, es sey Porzellan in der ungeheuren Kiste.“ [31]

Waitz, ein junger Künstler, den er selbst in der Weimarer Zeichenschule herangezogen hat [97], zeichnet den Elefantenschädel [32], und *Sömmering* wird gebeten, ihm weitere Tierschädel zu schicken, vor allem bittet er sich aus [33]:

„Wilde Katze, Löwe, junger Bär, Incognitum, Ameisenbär, Kameel, Dromedar, Seelöwe . . .“

Sein nunmehr erweitertes Manuskript schickt er jetzt im November an *Knebel* mit der Bitte, es *Loder* weiterzureichen. Seine einführenden Worte an den Freund sind so aufschlußreich, daß sie es verdienen, hier wiedergegeben zu werden [34]:

„. . . Ich habe mich enthalten, das Resultat worauf schon Herder in seinen Ideen deutet, schon ietze mercken zu lassen, dass man nämlich den Unterschied des Menschen vom Thier in nichts einzelnem finden könne. Vielmehr ist der Mensch aufs nächste mit den Thieren verwandt. Die Übereinstimmung des Ganzen macht ein jedes Geschöpf zu dem, was es ist, und der Mensch ist Mensch so gut durch die

Gestalt und Natur seiner obern Kinnlade, als durch Gestalt und Natur des letzten Gliedes seiner kleinen Zehe Mensch. Und so ist wieder iede Creatur nur ein Ton eine Schattirung einer grossen Harmonie, die man auch im ganzen und grosen studiren muss sonst ist iedes Einzelne ein todter Buchstabe. Aus diesem Gesichtspunckte ist diese kleine Schrifft geschrieben, und das ist eigentlich das Interesse das darinne verborgen liegt."

Das ist die klare Erkenntnis dessen, was ihm als nahezu selbstverständliche Idee vor Augen schwebte, und was er vielleicht noch eindeutiger mit den folgenden Sätzen ausspricht [38]:

„Ich arbeitete eifrig auf einen allgemeinen Knochentypus los, und musste deshalb annehmen, dass alle Abteilungen des Geschöpfes im Einzelnen wie im Ganzen bei allen Tieren aufzufinden sein möchten, weil ja auf dieser Voraussetzung die vergleichende Anatomie beruht. Ich suchte daher nach Spuren des Zwischenkiefers, den man als Unterscheidungszeichen zwischen Affen und Menschen angegeben und jenem Geschlechte zugeschrieben, diesem abgeleugnet hat, und fand sie gar leicht."

Die im Jahre 1784 concipierte und 1786 weitergereichte Abhandlung wurde ausführlich erst 1820 gedruckt [35], und zwar ohne die eigentlich notwendigen Abbildungen. Der vollständige Abdruck mit den wichtigen Abbildungen geschah erst 1831 [36], und zwar in den Verhandlungen der Kaiserlich-Leopoldino-Carolinischen Akademie der Naturforscher; es ist dieser Gesellschaft und damit dem damaligen Präsidenten *Nees von Esenbeck* sehr hoch anzurechnen, diese verdienstvolle Veröffentlichung mit den grundlegenden und beweisenden Abbildungen ermöglicht zu haben. Viele Fachleute von Rang, so vor allem *Peter Camper* und auch *Blumenbach* waren gar nicht oder sehr zögernd von der unumstößlichen Tatsache zu überzeugen. Es war *Loder* ganz offensichtlich einer der ersten, der die Entdeckung *Goethes*, die ja unter seinen Augen geschehen war, anerkannte; jedenfalls nahm er diese Tatsache 1788 in sein Handbuch der Anatomie [39] mit auf. Bei *Sömmering* brauchte es etwas länger, aber 1791 war die neue Tatsache auch in seinem Buch der Anatomie des Menschen [40] zu lesen.

In seiner endgültigen Fassung der Schrift „Über den Zwischenkiefer des Menschen und der Thiere" geht *Goethe* von den osteologischen Zeichnungen aus, um, wie er sich ausdrückt, „Kennern und Freunden vergleichender Zergliederungskunde eine kleine Entdeckung vorzulegen, die ich glaube gemacht zu haben." Dann weist er die große Mannigfaltigkeit in der Gestalt des Zwischenkieferknochens an Hand der Abbildungen auf, die von *Van de Velde* geschaffen wurden:

Abb. 5 zeigt in der obersten Reihe die Verhältnisse beim Reh, in der mittleren bei Ochs und in der untersten beim Kamel.

Abb. 6 stellt die Formverhältnisse beim Pferd und bei Sus Babirussa dar, dem sog. Hirscheber und

Abb. 7 in untereinander angeordneter Folge von Löwe, Eisbär und Wolf.

Abb. 8 zeigt den Unterschied in der Erkennbarkeit bei einem alten und einem jungen Walroß. Beim jungen Tier ist die Abgrenzung besonders deutlich, während beim alten Tier die Nähte weitgehend verknöchert sind. Das ist eine gewisse Erklärung dafür, daß das os intermaxillare so oft übersehen bzw. nicht als solches gewertet wurde. *Goethe* hat auch gerade an Foeten und jungen Tieren gearbeitet und konnte hier begreiflicherweise zuverlässige Eindrücke gewinnen.

Abb. 9 ist die letzte der in der genannten Veröffentlichung enthaltenen, sie zeigt in der unteren Reihe am Affenschädel auf der Ansicht von vorn und von unten das os intermaxillare sehr deutlich, und am halben Oberkiefer eines gesprengten Menschenschädels ist in der oberen Reihe auf der Mediansicht kein Zweifel am Vorhandensein.

Gegenüber der großen Mannigfaltigkeit bei den demonstrierten Tierschädeln ist ihm die Ähnlichkeit mit dem os intermaxillare des Walrosses sehr auffallend, aber dann heißt es weiter: „Ich sage nichts vom Affen, weil bei diesem die Übereinstimmung zu auffallend ist.“

Diese fleißigen, streng morphologischen Arbeiten [101] wurden unterbrochen durch die Italienische Reise, die er 1786 antrat, gerüstet durch seine anatomischen Kenntnisse des menschlichen Körpers, die er in Vorlesungen auf der Zeichenschule in Weimar vorgetragen hatte. Er meint, so die antiken Plastiken mit ganz anderen Augen sehen zu können [81]:

> „Nun hat mich zuletzt das A und O aller uns bekannten Dinge, die menschliche Figur angefasst und ich sie, und ich sage: Herr, ich lasse dich nicht, du segnest mich denn und sollt' ich mich lahm ringen ... Genug, es läuft darauf hinaus, dass mich nun mein hartnäckig Studium der Natur, meine Sorgfalt, mit der ich in der komparierenden Anatomie zu Werke gegangen bin, nunmehr in den Stand setzen, in der Natur und den Antiken manches im ganzen zu sehen, was den Künstlern im einzelnen aufzusuchen schwer wird und das sie, wenn sie es endlich erlangen, nur für sich besitzen und andern nicht mitteilen können.“

Aber Italien bewirkte auch eine ganz entscheidende Reifung seiner botanischen Arbeiten, die ihn auch schon etwa 10 Jahre lang beschäftigt hatten [104]. In Padua ließen ihn Beobachtungen an einer Fächerpalme im botanischen Garten eine vergleichende Pflanzenmorphologie durchdenken; aus der Fülle der Gestalten versucht er, die Idee der Pflanze, ein inneres Bild der Pflanze in ihrer einfachst-denkbaren Form zu entwickeln. Die „Urpflanze" war es, die ihm als Aperçu aufgehen sollte, und in Palermo verdichtete sich dieser Gedanke soweit, daß er formulierte:

„Eine solche muss es doch geben; woran würde ich sonst erkennen, dass dieses oder jenes Gebilde eine Pflanze sei, wenn sie nicht alle nach einem Muster gebildet wären." (17. 4. 87)

Und wenige Wochen darauf schreibt er an Frau *von Stein* [37]:

„Sage Herdern, dass ich dem Geheimniss der Pflanzenzeugung und Organisation ganz nah bin und dass es das einfachste ist was nur gedacht werden kann. Unter diesem Himmel kann man die schönsten Beobachtungen machen. Sage ihm dass ich den Hauptpunckt wo der Keim stickt ganz klar und zweifellos entdeckt habe, dass ich alles übrige auch schon im Ganzen übersehe und nur noch einige Punckte bestimmter werden müssen. Die Urpflanze wird das wunderlichste Geschöpf von der Welt über welches mich die Natur selbst beneiden soll. Mit diesem Modell und dem Schlüssel dazu, kann man alsdann noch Pflanzen ins unendliche erfinden, die konsequent seyn müssen, das heisst: die, wenn sie auch nicht existiren, doch existiren könnten und nicht etwa mahlerische oder dichterische Schatten und Scheine sind, sondern eine innerliche Wahrheit und Nothwendigkeit haben. Dasselbe Gesetz wird sich auf alles übrige lebendige anwenden lassen."

Diese weit umgreifende Konzeption des Postulats eines Urbildes, einer Idee sowohl im Pflanzen- als auch im Tierreich erfüllt ihn mit Konsequenz und Dringlichkeit, noch aber fehlt ein Kongenialer, der gewürdigt würde, die Bedeutung dieser Konzeption bzw. auch vielleicht ihre Unhaltbarkeit im Gespräch aufzunehmen und dazu Stellung zu nehmen, zunächst nur bezogen auf die „Urpflanze". Dann aber kommt es im Juli 1794 zu jenem berühmten Gespräch, das zwischen *Goethe* und *Schiller* in Jena im Anschluß an eine Sitzung der Naturforschenden Gesellschaft stattgefunden hat, und über das *Goethe* auf das genaueste berichtet, weil er das grundsätzlich Bedeutungsvolle dieser Unterhaltung erkannte [41]:

„Wir gelangten zu seinem Hause, das Gespräch lockte mich hinein; da trug ich die Metamorphose der Pflanzen lebhaft vor, und liess, mit manchen charakteristischen Federstrichen eine symbolische Pflanze vor seinen Augen entstehen. Er vernahm und schaute das alles mit entschiedener Fassungskraft; als ich aber geendet, schüttelte er den Kopf und sagte: ‚Das ist keine Erfahrung, das ist eine Idee.' Ich stutzte, verdriesslich einigermassen; denn der Punckt, der uns trennte, war dadurch auf's strengste bezeichnet. Die Behauptung aus Anmuth und Würde fiel mir wieder ein, der alte Groll wollte sich regen; ich nahm mich aber zusammen und versetzte: ‚Das kann mir sehr lieb sein, dass ich Ideen habe, ohne es zu wissen, und sie sogar mit Augen sehe.'"

Schiller als gebildeter Kantianer mußte es als durchaus unzulässig erklären, daß jemals einer Idee eine Erfahrung „kongruieren“ könne; *Goethe* hingegen kennzeichnete mit seiner Entgegnung eine ihm ureigene Form naturwissenschaftlicher Erkenntnis, und seine „Urpflanze“ war ihm ein symbolhaft-lebendiges Zeugnis dafür. Es ist schade, daß dieses Blättchen seiner Zeichnung, dieser Entwurf einer „symbolischen Pflanze“, nicht erhalten ist, ein sinnbildliches Zeichen für das, was er auf der Italienischen Reise als ein *ἓν καὶ πᾶν* bezeichnet hat. Letztlich dürfte die Zeichnung wohl kaum mehr als ein irgendwie vereinfachtes Blatt dargestellt haben.

Dieser nur scheinbare Umweg über die Metamorphose der Pflanzen, hinter der beständig die Idee der „Urpflanze“ zu stehen hat, mußte gemacht werden, um den wahrhaft umgreifenden Charakter hervorzuheben, den *Goethe* in seinem Brief an *Herder* und an Frau *von Stein* ausspricht, daß nämlich „dasselbe Gesetz sich auf alles übrige Lebendige anwenden lasse.“ Das bedeutet: auch auf die Tierwelt. Die osteologischen Arbeiten traten nach der Italienischen Reise nur scheinbar zurück, und auch die 2. Italienische Reise schien wenig Zeit für Forschungsarbeit zu lassen. An die kurze Aufenthaltsdauer in Venedig vom März bis Mai 1790 schloß sich im Juli die notwendig werdende Reise nach Schlesien an; *Carl August* nahm an den preußischen Manövern teil, und so begleitete ihn auch *Goethe* in das schlesische Feldlager. Aber die Tag- und Jahreshefte enthalten eine Schilderung, die insofern überrascht, als er inmitten der Heerlagersituation in Breslau Fragen der vergleichenden Anatomie fortsetzt [42]:

„. . . In Breslau . . . beschäftigte mich unaufhörlich, so wunderlich es auch klingen mag, die vergleichende Anatomie, weshalb, mitten in der bewegtesten Welt, ich als Einsiedler in mir selbst abgeschlossen lebte. Dieser Theil des Naturstudiums war sonderbarlich angeregt worden. Als ich nämlich auf den Dünen des Lido, welche die venezianischen Lagunen von dem adriatischen Meere sondern, mich oftmals erging, fand ich einen so glücklich geborstenen Schafschädel, der mir nicht allein jene grosse von mir früher erkannte Wahrheit: die sämtlichen Schädelknochen seien aus verwandelten Wirbelknochen entstanden, abermals bethätigte, sondern auch den Übergang innerlich ungeformter organischer Massen, durch Aufschluss nach aussen, zu fortschreitender Veredelung höchster Bildung und Entwicklung in die vorzüglichsten Sinneswerkzeuge vor Augen stellte, und zugleich meinen alten, durch Erfahrung bestärkten Glauben wieder begründet, dass die Natur kein Geheimniss habe, dass sie nicht irgendwo dem aufmerksamen Beobachter nackt vor die Augen stellt . . .“

Die Vorstellung, das Aperçu, der Schädel sei aus mehreren Wirbelknochen entstanden zu denken, bedeutete, daß eine Verschmelzung von 3 Wirbeln erfolgt sei; später hielt er es für wahrscheinlicher, 6 Wirbelverschmelzungen dafür anzunehmen. Veröffentlicht hat *Goethe* diese Vorstellung in einem kurzen Aufsatz erst 1824 [43], und gerade dieses Produkt dessen, was er sein „gegenständliches Denken" nannte, hat ihm viel Ärger bereitet; man braucht nur an den Prioritätsstreit mit *Oken* um die Wirbeltheorie des Schädels zu denken. In seiner Antrittsvorlesung in Jena 1807 [44] stieß *Oken* in ebenso romantischer wie impulsiver Kühnheit den Ruf aus:

> „Der ganze Mensch ist nur ein Wirbelbein!"

Aber dieser Streit ist unerfreulich, wie überhaupt diese Wirbeltheorie des Schädels *Goethes* ohne Schaden übergangen werden kann, zum mindesten im vorliegenden Zusammenhang.

In den oben zitierten Tag- und Jahresheften, in denen er seine Beschäftigung mit der vergleichenden Anatomie auch im schlesischen Feldlager schildert, geht er dann weiter auf die gemeinsame Arbeit mit *Loder* ein, „dessen unermüdliche Theilnahme und Einwirkung ich immerfort zu rühmen habe", und kennzeichnet dann als das Wesentlichste seine die gesamte Welt der Organismen durchziehende Konzeption [42]:

> „Ich war überzeugt, ein allgemeiner, durch Metamorphose sich erhebender Typus gehe durch die sämmtlichen Geschöpfe durch, lasse sich in allen seinen Theilen auf gewissen mittlern Stufen gar wohl beobachten, und müsse auch noch da anerkannt werden, wenn er sich auf der höchsten Stufe der Menschheit ins Verborgene bescheiden zurückzieht.
>
> Hierauf waren alle meine Arbeiten, auch in Breslau, gerichtet; die Aufgabe war indessen so gross, dass sie in einem zerstreuten Leben nicht gelöst werden konnte."

Die Zeit der Campagne in Frankreich und der Belagerung von Mainz ließen ihn erst Anfang Dezember 1793 nach Weimar und damit an systematische Arbeit zurückkehren. Neben den Arbeiten an der Farbenlehre, die ihn auch schon während des Feldzuges beschäftigt hatte, waren es Ansätze zu vergleichend-anatomischen Arbeiten. Ein solcher fragmentarischer Entwurf war schon 1790 in Jena niedergelegt worden, umfassender aber ist der „Erste Entwurf einer allgemeinen Einleitung in die vergleichende Anatomie, ausgehend von der Osteologie", der 1795 abgeschlossen wurde [45]. Hier geht es vor allem um die Aufstellung eines „Typus" zur Erleichterung der vergleichenden Anatomie. Zu einem „allgemeinen Bilde, worin die Gestalten sämtlicher Tiere, der Möglichkeit nach, enthalten wären", will er vordringen, im Grunde also sozusagen zum „Urtier" analog der „Urpflanze". Daß der Mensch gerade nicht als Maßstab der unvollkommenen Tiere aufgestellt werden könne, wird bei seiner „hohen organischen Vollkommenheit, eben dieser Vollkommenheit wegen" leicht einzusehen sein.

Das allen Tieren Gemeinsame muß durch vergleichend-anatomische Arbeit erst einmal ermittelt werden, so lautet seine Arbeitshypothese, aber

„Die Idee muss über dem Ganzen walten und auf eine genetische Weise das allgemeine Bild abziehen."

Und ferner wird ein ihm wichtiges Gesetz abgeleitet, das der Ökonomie der Natur, von dem er sagt:

„Wenn wir die Theile genau kennen und betrachten, so werden wir finden, dass die Mannichfaltigkeit der Gestalt daher entspringt, dass diesem oder jenem Theil ein Übergewicht über die andern zugestanden ist."

Er ist kühn genug, die Giraffe und den Maulwurf als Paradigmata für diese Auffassung heranzuziehen:

„So sind, zum Beispiel, Hals und Extremitäten des Körpers bei der Giraffe begünstigt, dahingegen bei'm Maulwurf das Umgekehrte statt findet.

Bei dieser Betrachtung tritt uns nun gleich das Gesetz entgegen: dass keinem Theil zugelegt werden könne, ohne dass einem andern dagegen etwas abgezogen werde und umgekehrt.

Hier sind die Schranken der thierischen Natur, in welchen sich die bildende Kraft auf die wunderbarste und beinahe auf die willkürlichste Weise zu bewegen scheint, ohne dass sie im mindesten fähig wäre, den Kreis zu durchbrechen oder ihn zu überspringen."

Die Natur ist „haushälterisch im Geben und Nehmen", sie hat ihr Budget, ihren ganz bestimmten Etat, und von hier aus ist die Mannigfaltigkeit ihrer Gestaltung der Formen erst richtig zu verstehen.

„Die Schlange steht in der Organisation weit oben. Sie hat ein entschiedenes Haupt, mit einem vollkommenen Hülfsorgan, einer vorne verbundenen unteren Kinnlade. Allein ihr Körper ist gleichsam unendlich und er kann es deswegen sein, weil er weder Materie noch Kraft auf Hülfsorgane zu verwenden hat . . ."

So muß denn also die Natur etwa bei der Eidechse mit den ausgebildeten Extremitäten sparsam sein mit der Körperlänge.

Es ist nicht zweifelhaft, daß dieses den Formwandel maßgebend mitbestimmende Gesetz von der Ökonomie der Natur, dem „balancement des organes", wie es *Geoffroy de St. Hilaire* genannt hat, schon vor *Goethe* vermutet und ausgesprochen worden ist. *K. Schlechta* hat in seinem Buch [10] sehr eindeutig nachgewiesen, daß derselbe Gedanke schon von *Aristoteles* in seiner Schrift [82] „*Περὶ ζῴων μορίων*" enthalten ist; hier heißt es:

„. . . denn überall gibt sie einem andern Teil das hin, was sie von einem weggenommen hat . . ."
(„*πανταχοῦ γὰρ ἀποδίδωσι λαβοῦσα ἑτέρωθεν πρὸς ἄλλο μόριον.*")

Es finden sich aber noch zwei weitere Stellen in dieser Schrift des *Aristoteles*, die im wesentlichen das Gleiche ausdrücken. Niemand wird feststellen können, ob *Goethe* diesen Gedanken aus dem *Aristoteles* entnommen oder ob er ihn unabhängig von ihm selbständig entwickelt hat.

Letztlich geht es ihm um die Metamorphose der Pflanzen- und der Tierwelt, um den Formwandel von einem schematischen Typus in die Fülle der Arten in der Pflanzen- und Tierwelt, ein Formwandel, der — entwicklungsgeschichtlich gesprochen — sowohl von einer Tierart in die andere als auch innerhalb einer und der gleichen Tierart sich vollziehen könne, also erweitert gegenüber dem Begriff der Metamorphose der Pflanzen. Aber es kann ihm ebensowenig wie bei der Metamorphose der Pflanzen gelingen, zu der „Idee“, zu dem „Typus“, in der Form vorzudringen, daß er das „Urtier“ hätte skizzieren können.

Eine andere Form symbolischer Sprache [49] nur ist es, daß er der Sammlung morphologischer Arbeiten über „Bildung und Umbildung organischer Naturen“ das Hiob-Zitat als Motto voransetzt [50]:

„Siehe er geht vor mir über
ehe ich's gewahr werde,
und verwandelt sich
ehe ich's merke.“

Die Frage und Suche nach dem „Typus“ aber bedrängt ihn immer wieder, vor allem dann, wenn der Versuch gemacht wird, ihn auch auf den Menschen oder wenigstens auf den Affen anzuwenden:

> „Bei der Ähnlichkeit des Affen und Menschen bei dem Gebrauch, den einige geschickte Thiere von ihren Gliedern aus natürlichem Antrieb machen, oder nach vorgängiger künstlicher Übung machen lernen, konnte man auf die Ähnlichkeit des vollkommensten Geschöpfes mit unvollkommeneren Brüdern gar leicht geführt werden, und es fanden von jeher bei Naturforschern und Zergliederern solche Vergleichungen statt . . .“ [106].

Aber gerade wegen dieser Vollkommenheit kann der Mensch eben nicht als „Typus“ betrachtet werden. Das Urbild muß in einer starken Abstraktion der Wirklichkeit liegen, wie dies für die „Urpflanze“ geschildert worden ist.

Alle diese naturforschenden Arbeiten, diese Betrachtungen aus höchst persönlicher Sicht, diese Naturschau, wenn man so will, sind keineswegs nur in wissenschaftlichen Entwürfen und Aufsätzen mitgeteilt worden. Die beiden großen Lehrgedichte „Metamorphose der Pflanzen“ und „Metamorphose der Tiere“ sind die gleichen Inhalte seiner Naturbetrachtung, nur in einer geradezu unübertrefflichen Meisterschaft dichterischer Gestaltungskraft.

Das 1798 entstandene Gedicht „Metamorphose der Pflanzen“ ist nicht ohne *Schillers* Einfluß bzw. ohne sein Wissen entstanden, denn dieser hat es kennengelernt, ehe es 1799 in seinem Musenalmanach erschienen ist. *Goethes* Tagebuch jedenfalls berichtet [46]:

„Abends mit Hofrat Schiller gegen Lobeda spazieren gefahren, die Idee von dem Naturgedichte durchgesprochen.“

In diesem „Naturgedicht“ ist der Vorgang der Wandlung von den untersten Blättern der Pflanze aufsteigend und die Form verändernd bis zu den Kelch- und Blütenblättern und schließlich bis zur Frucht in einer Weise ausgedrückt, die sowohl dem Naturforscher als auch dem Dichter Ehre machen muß. Die Metamorphose nach einem Urbild des der Pflanze innewohnenden Typus, ihrer Idee, ist hier ausgeführt.

Das Gedicht „Metamorphose der Tiere“ wird von Kundigen [47] wohl mit Recht als nicht gänzlich vollendet angesehen, gilt vielmehr als ein Fragment. Über die Datierung fehlen sehr genaue Angaben, aber wahrscheinlich ist es doch in nicht so ferne Entstehungszeit von der „Metamorphose der Pflanzen“ anzusetzen, etwa 1798/99 oder jedenfalls wenig später; so würde es sich auch zeitlich sinngemäß an die osteologischen Aufsätze anschließen. Das Gedicht trägt in der ersten Veröffentlichung in den Schriften zur Morphologie [83] die Überschrift ’Αϑϱόισμος (Anhäufung), und auch das weist vielleicht wieder auf *Aristoteles* hin, ohne daß es bisher gelungen wäre, hier Genaueres auszusagen. Die Natur wird gleichsam als eine natura naturans geschildert, die nicht wie sterbliche Frauen sich um ihre Kinder zu sorgen habe:

„. . . . . denn zwiefach bestimmte
Sie das höchste Gesetz, beschränkte jegliches Leben,
Gab ihm gemessenes Bedürfnis, und ungemessene Gaben,
Leicht zu finden, streute sie aus, und ruhig begünstigt
Sie das muntre Bemühn der vielfach bedürftigen Kinder;
Unerzogen schwärmen sie fort nach ihrer Bestimmung.“

Dann folgt der Vers, der im „Ersten Entwurf einer allgemeinen Einteilung in die vergleichende Anatomie, ausgehend von der Osteologie“ nur in anderer Form von 1795 schon ausgedrückt ist:

„Zweck sein selbst ist jegliches Tier.“

Aber auch jenes andere Gesetz des „haushälterischen“ Verhaltens, der Ökonomie der Natur, ist ausgesprochen:

„Also bestimmt die Gestalt die Lebensweise des Tieres
. . . .
Doch im Innern befindet die Kraft der edlern Geschöpfe
Sich im heiligen Kreise lebendiger Bildung beschlossen.“

Das heißt also, durch die Beschränkung, die von der Natur ihrer eigenen Bildungskraft auferlegt ist, liegt „im heiligen Kreise“ eine Beschränkung, eine Einfriedung vor:

„Denn nur also beschränkt war ja das Vollkommene möglich“.

Bis in Einzelheiten jener Ökonomie der Natur wird dann weiter ausgesagt:

„Denn so hat kein Tier, dem sämtliche Zähne den obern
Kiefer umzäumen, ein Horn auf seiner Stirne getragen,
Und daher ist den Löwen gehörnt der ewigen Mutter
Ganz unmöglich zu bilden, und böte sie alle Gewalt auf,
Denn sie hat nicht Masse genug, die Reihen der Zähne
Völlig zu pflanzen und auch Geweih und Hörner zu treiben.
Dieser schöne Begriff von Macht und Schranken, von Willkür
Und Gesetz, von Freiheit und Maß, von beweglicher Ordnung,
Vorzug und Mangel erfreue dich hoch!
....
Keinen höhern Begriff erringt der sittliche Denker,
Freue dich, höchstes Geschöpf der Natur! Du fühlest dich fähig,
Ihr den höchsten Gedanken, zu dem sie schaffend sich aufschwang,
Nachzudenken. Hier stehe nun still und wende die Blicke
Rückwärts, prüfe, vergleiche und nimm vom Munde der Muse,
Dass du schauest, nicht schwärmst, die liebliche, volle Gewissheit.“

Durch die Gegensatzpaare „Macht und Schranken“, „Willkür und Gesetz“, „Freiheit und Maß“ werden im Menschen die sittlichen Hintergründe am Wirken der Naturkraft eröffnet, und somit geht die sittliche Welt mit ihren Forderungen ohne Sprung und Überleitung ein in die Naturschau seiner Person, endgültig formuliert mit dem Satz:

„Keinen höhern Begriff erringt der sittliche Denker.“

Die stofflichen Grundlagen der Natur und ihr dahinter stehender Geistgehalt, in denen die Welt der „Ideen“ enthalten liegt, die Urbilder der Pflanzen und Tiere, die natura naturans also, sie sind das „Alles“, das sich im „Eins“ ausdrücken kann, das *ἓν καὶ πᾶν*. Im Besonderen das Allgemeine sehen, ist der entscheidende Aspekt seiner Naturschau, und wenn er in der „Metamorphose der Tiere“ in den genannten Gegensatzpaaren und also auch im Paare „Freiheit und Maß“ die Macht der Naturkräfte sieht, den „heiligen Kreis“, innerhalb dessen diese Bildungskräfte beschlossen liegen, so ist es freilich kein gewaltsamer Sprung zum Menschen, dem „sittlichen Denker“; dasselbe Gesetz gilt für ihn, das Gleichgewicht zwischen „Freiheit und Maß“ zu finden, sich vor Vermessenheit zu bewahren. So steht das moralische Gesetz nicht außerhalb als ein hinzutretendes Gesetz, vielmehr ist es die lediglich transponierte Naturkraft selbst mit ihren Gegensatzpaaren, die „Freiheit" nämlich zur Wahl.

Aber nicht nur die inneren Naturkräfte sind für die mannigfache Versatilität des Typus, für die Formgestaltung also, anzusehen; auch dem Milieu, den äußeren Gegebenheiten kommt eine zweite formgebende Kraft zu, denn der Typus muß sich „allgemeinen äußeren Gesetzen bis auf einen gewissen Grad gleichfalls fügen." Der Wirkung des Klimas, der Wärme und Kälte, der Luft, der jeweiligen Höhenlage ist der Typus auch ausgesetzt, oder, wie *Goethe* es kurzum auch ausdrückt: das Tier wird „durch Umstände für Umstände" gebildet, und durch alle Formgestalten wird schließlich der Mensch als Ausdruck der höchsten Organisation hervorgebracht.

Nach längerer Pause in vergleichend-anatomischer Hinsicht wird durch die Forschungsarbeit und wissenschaftlichen Streitigkeiten französischer Gelehrter sein Interesse an vergangenen eigenen morphologischen Arbeiten neu und lebhaft erweckt. Aber ein kurzer Rückblick auf die wissenschaftsgeschichtlichen Zusammenhänge mag berechtigt sein. *Linné* und *Buffon* sind als die beiden großen Naturforscher der Neuzeit anzusetzen, die in sorgfältigster katalogisierender Weise erst einmal die Grundlagen für weitere botanische und zoologische Arbeiten gelegt haben. *Buffons* großes Werk über die allgemeine und spezielle Naturgeschichte [51] ist in *Goethes* Geburtsjahr erschienen, ein Werk, das erst 1767 seinen Abschluß gefunden hat und von weittragender Bedeutung für die zoologische Forschung geworden ist. *J. Roger* [84] hat auf der 103. Versammlung der Gesellschaft Dt. Naturforscher und Ärzte in Weimar 1964 in sehr schöner und umfassender Weise die Biologie *Buffons* in Beziehung gesetzt zu den entsprechenden Arbeiten und Auffassungen *Goethes*. Man darf sagen, daß auf *Buffons* Arbeiten zum Teil jedenfalls *Lamarck* fußt. Seine „Philosophie zoologique" [52] vom Jahre 1809 entwickelt die Theorie von der Inkonstanz der Arten, die „Transmutationslehre", die in vielen Punkten später widerlegt, dennoch aber nicht ohne verwandte Züge aufgebaut ist, die in der späteren Abstammungslehre wieder auftreten, und die zu heftigen Diskussionen in den ersten Jahrzehnten des 19. Jahrhunderts geführt haben. So darf man *Lamarck* in der Tat mindestens als wegweisenden Forscher bezeichnen, wie aus dessen folgenden Andeutungen hervorgeht:

> „Die beinahe allgemein geltende Annahme, dass die Organismen Arten bilden, die beständig durch unveränderliche Charaktere unterschieden sind, und dass diese Arten so alt sein müssen wie die Natur selbst, wurde zu einer Zeit aufgestellt, wo man noch nicht genügend beobachtet hatte, und wo die Naturwissenschaft beinahe noch nicht vorhanden war. Sie wird tagtäglich vor den Augen derjenigen widerlegt,

die Natur lange studiert und mit Erfolg die grossen und reichen Sammlungen unserer Museen zu Rate gezogen haben."

Und sehr entschieden heißt es dann weiter:

„... ich behaupte, dass sie [die Tiere] eine verzweigte, unregelmäßig verknüpfte Reihe bilden, die in ihren einzelnen Teilen keine Unterbrechung zeigt oder die wenigstens keine gehabt hat, wenn es wahr ist, dass sich irgendwo eine solche wegen einiger ausgestorbener Arten vorfindet. Es folgt daraus, dass die Arten, die am Ende eines jeden Zweiges der Hauptreihe sich befinden, sich wenigstens auf einer Seite an verwandte Arten anschliessen und in sie übergehen ..."

Er hält es für möglich, aber nicht sehr wahrscheinlich, daß es ausgestorbene Tierformen gibt, aber er stellt sich die Änderung der Arten, die Entstehung neuer Arten in einer gesetzmäßigen funktionellen Anpassung an die äußeren Lebensumstände vor. Ein zweites Gesetz ist das von ihm behauptete Gesetz der Vererbung erworbener Eigenschaften. Diese beiden leitenden Ideen hatten wenig Erfolg bei den Zeitgenossen, vor allem aber stieß seine Meinung der Entwicklung des Menschengeschlechts aus affenartigen Säugetieren auf lebhafte Widersprüche.

Es war vor allem *Cuvier* [53], der ihm auf die heftigste und oft beleidigendste Weise öffentlich entgegentrat, indem er einen absolut entgegengesetzten Standpunkt der Unveränderlichkeit der Arten und also die Unmöglichkeit einer Entwicklung in irgendeiner Weise postulierte. Nach seiner Ansicht existieren vier Tierkreise, zwischen denen es keine Übergänge geben könne. Das Aussterben von Lebewesen sei nur durch eine Kette von Erdrevolutionen, durch Katastrophen also, zu denken. Nach dieser Katastrophentheorie sah er Funde von Menschen und Affen nur als Reste der letzten Erdepoche an. Vorsintflutliche Menschen bzw. tertiäre Affen lehnte er ab. „L'homme fossile n'existe pas", lautete sein Résumé, d. h. der heutige Mensch stamme in dieser Gestalt aus der letzten Erdperiode und alles andere sei Unsinn.

Aber *Cuvier* erstand ein Gegner in *Geoffroy de St. Hilaire*, und der Streit zwischend diesen beiden Männern der Wissenschaft war es, der *Goethe* so leidenschaftlich bewegte und ihn sehr intensiv teilnehmen ließ. Im März 1830 begann in der Königlichen Gesellschaft der Wissenschaften in Paris jene bedeutende Diskussion zwischen den beiden Gegnern, und Gegenstand des wissenschaftlichen Streites war die Arbeit *Geoffroy de St. Hilaires* über die „Principes de Philosophie zoologique" [54]. Tagebuchaufzeichnungen *Goethes* [55] vom 22. Juli vermerken den „Streit zwischen den beyden Classen der Naturforscher, der analisirenden und synthetisirenden ... Obgemeldetes französisches Werk zu lesen fortgefahren und das was vor soviel Jahren in Deutschland desshalb geschehen wieder in's Andenken gebracht." Seine ganze morphologische Arbeit, die soviel Feindseligkeit und Vernachlässigung erfahren hatte, selbst um die Jahrhundertwende herum, war in ein neues Licht gerückt durch diese Diskussion. Am 2. August heißt es im Tagebuch [56] nur: „Die Abschrift angefangen über den französischen Streit." Besucher sind nicht erwähnt.

Wohl aber berichten *Eckermann* [1] und *Soret* [57] von einem Besuch bei *Goethe* an diesem Tage und beide schildern die Begegnung mit fast gleichlautenden Sätzen. Nachdem die ersten beunruhigenden Nachrichten von der Julirevolution in Weimar eingetroffen waren, eilte *Eckermann* zu *Goethe*, um ihm davon zu berichten; dieser aber habe ihm bei dessen Eintritt sofort erregt zugerufen:

„Nun? . . . Was denken Sie von dieser grossen Begebenheit? Der Vulkan ist zum Ausbruch gekommen, alles steht in Flammen, und es ist nicht ferner eine Verhandlung bei geschlossenen Türen."

Eckermann bezieht diesen temperamentvollen Ausbruch auf die Julirevolution, *Goethe* aber entgegnet:

„Es handelt sich bei mir um ganz andere Dinge! Ich rede von dem in der Akademie zum öffentlichen Ausbruch gekommenen Streit zwischen Cuvier und Geoffroy de St. Hilaire . . . Die Sache ist von höchster Bedeutung und Sie können sich keinen Begriff machen, was ich bei der Nachricht von der Sitzung am 19. Juli empfinde. Wir haben jetzt an Geoffroy de St. Hilaire einen mächtigen Alliierten auf die Dauer . . ."

Cuvier ist für *Goethe* der „analysierende" Forscher, oder wie er es auch ausdrückt [58]:

„Der Unterscheidende, das Vorliegende genau Beschreibende und gewinnt sich eine Herrschaft über eine unermessliche Breite. Geoffroy de St. Hilaire hingegen ist im stillen um die Analogien der Geschöpfe und ihre geheimnisvollen Verwandtschaften bemüht; jener geht aus dem Einzelnen in ein Ganzes, welches zwar vorausgesetzt, aber als nie erkennbar betrachtet wird; dieser hegt das Ganze im innern Sinne und lebt in der Überzeugung fort, das Einzelne könne darauf nach und nach entwickelt werden."

Und nun erinnert er sich jenes Gesprächs mit *Schiller* im Jahre 1794 in Jena, als es um die Urpflanze ging, und der Kantianer ihm dieses Urphänomen als eine „Idee", nicht als eine „Erfahrung" zurechtzuweisen bemüht war. Von einer solchen Rückerinnerung fährt er dann fort:

„Denn eine Voranschauung, Vorahnung des Einzelnen im Ganzen will der Trennende, Unterscheidende, auf der Erfahrung Beruhende, von ihr Ausgehende nicht zugeben. Dasjenige erkennen und kennen zu wollen, was man nicht mit Augen sieht, was man nicht greifbar darstellen kann, erklärt er nicht undeutlich für eine Anmassung. Der andere jedoch, auf gewisse Grundsätze haltend, einer hohen Leitung sich überlassend, will die Autorität jener Behandlungsweise nicht gelten lassen."

In seiner sehr ausführlichen Schrift über diesen Streit [58, 95] nimmt er vor allem Bezug auf die Schrift *Geoffroys* über die „Principes de Philosophie zoologique" [54] und geht dabei ganz genau auf die an den einzelnen Sitzungstagen geführten Diskussionen ein, vor allem auch auf die Angriffe *Cuviers* [96], der der deutschen Naturphilosophie der letzten 30 Jahre die ebenso höchst verworrenen wie verwirrendenen Spekulationen vorwirft, für die er u. a. auch *Oken* verantwortlich macht. *Cuvier* meint die deutsche romantische Naturphilosophie, die in Frankreich freilich nicht Fuß fassen konnte, und die eben gerade in Deutschland mit dem „Zauberschlüssel der Analogie", wie *Novalis* es nennt, üppigste Blüten spekulativer Art hervorgebracht hat. *Goethe* kann sich mit dieser Gruppe freilich nicht identifizieren, aber auch er hebt die Analogie hervor. Ihm aber ist sie kein „Zauberschlüssel", er spricht nur den Wunsch aus, daß in der vergleichenden Anatomie „uns der Genius der Analogie als Schutzengel zur Seite stehen möge"; und das bedeutet für ihn ebenso wie für *Geoffroy de St. Hilaire* die Sonderung und Sammlung übereinstimmender phänotypischer Merkmale. Dann aber korrigiert er auch *Cuvier* hinsichtlich der zeitlichen Verhältnisse, indem er auf seine eigene, länger zurückliegende Arbeit hinweist:

„Allein ich darf wohl behaupten, dass es über 50 sind, die uns schon mit wahrhafter Neigung an solche Untersuchungen gekettet sehen. Kaum erinnert sich noch jemand ausser mir jener Anfänge, und mir sei gegönnt, hier jener treuen Jugendforschungen zu erwähnen, wodurch sogar einiges Licht auf gegenwärtige Streitigkeiten fallen könnte [58]."

50 Jahre zurück —, das wäre also etwa um das Jahr 1780 herum. In der Tat ist ja das Jahr 1781 der Zeitpunkt des Beginns seiner Beschäftigung mit der Osteologie und Myologie unter *Loders* Leitung, und damit ist der Ansatz zu seiner eigenen, sehr ernsthaft genommenen, streng morphologischen Arbeit gekennzeichnet, die keineswegs in *Cuviers* Sammeltopf deutscher sc. romantischer Naturphilosophie hineingehört. *Goethe* weist auf seine Publikation in den Verhandlungen der Leopoldina hin und auf die darin enthaltenen Abbildungen, die der früheren Publikation nicht beigefügt waren, jene Tafeln, die „lange Jahre im verborgenen geblieben" waren, und die den unumstößlichen Beweis des Zwischenkieferknochens beim Menschen lieferten.

Der von *Geoffroy* aufgenommene, ursprünglich von *Lamarck* stammende Gedanke der Inkonstanz der Arten, gestützt durch die Hervorhebung von

Analogien und Verwandtschaften zwischen den verschiedenen Tierformen, somit *Goethes* eigene Konzeption vergleichend-anatomischer Forschungsarbeit bestätigend, alles dies mußte ihn „jubeln" lassen in der Vorstellung, daß seine eigene Naturschau sich durch den „Alliierten" *Geoffroy* durchgesetzt habe. Dabei treten Gedanken stammesgeschichtlicher Art bei ihm noch nicht so aktuell in den Vordergrund, wie man zunächst annehmen könnte, und das liegt fraglos an den erst allmählich reichlicher zutage tretenden Funden fossiler Knochen [99]. *Goethe* referiert [59] den Bericht eines Forschers, der 1819 und 1820 in Stuttgart fossile Knochen gefunden hat, einen Stoßzahn und einen Backzahn vom Mammut sowie Backzähne vom Nashorn; auch Knochen eines fossilen Stiers, die ausgegraben wurden, interessierten sehr, wie er denn auch großen Anteil nahm an der Ausgrabung von Knochenresten eines „Urstiers" [60], der im Thüringer Raum gefunden worden war. Er beschließt seinen Aufsatz über den fossilen Stier mit den Sätzen [59]:

> „Auf allen Fall lässt sich das alte Geschöpf als eine weit verbreitete untergegangene Stammrasse betrachten, wovon der gemeine und indische Stier als Abkömmlinge gelten dürften."

Dies mag noch kurz hinzugefügt sein, um den Gedanken der sich anbahnenden Entwicklungslehre anzudeuten, der hier zutage tritt. Natürlich haben entwicklungstheoretische Fragen auch *Goethe* berührt. *Magnus* [78] betont mit Recht, daß in *Goethes* Aufsatz „Das Faulthier und die Dickhäutigen" [79], der im wesentlichen die Interpretation einer Arbeit *d'Altons* [80] ist, Anklänge an *Kant* spürbar werden, d. h. wohl an dessen „Anthropologie" [107] und die „Kritik der Urteilskraft" [108]. Daß dem tatsächlich so ist, geht genugsam aus dem II. Teil des „Faust" hervor, wo in der Klassischen Walpurgisnacht Thales dem außerhalb der phylogenetischen Entwicklungsreihe entstandenen Homunculus [105] den Rat gibt, „von vorn die Schöpfung anzufangen", d. h. sich dem Proteus-Delphin anzuvertrauen für die „Vermählung mit dem Ozean", um sozusagen nachzuholen, was der allgemeinen Entwicklung zukommt:

> „Da regst du dich nach ewgen Normen
> Durch tausend, abertausend Formen,
> Und bis zum Menschen hast du Zeit [48]."

Der Proteus-Delphin freilich hält nicht allzuviel von dem Streben zum Menschen, also zu der höchsten Form organischer Naturen, er empfiehlt mehr das Element der „feuchten Weite", und so darf er pessimistisch ratgebend sagen, was dem alten Weisen in Weimar in schwachen Stunden wohl auch manchmal durch den Sinn gegangen sein dürfte:

„Nur strebe nicht nach höheren Orden:
Denn bist du erst ein Mensch geworden,
Dann ist es völlig aus mit dir."

Seine rückhaltlose Bewunderung der Natur, die so unerhört erscheinende Abläufe hinsichtlich der Umwandlung der Arten möglich macht, ist gewaltig. Solche Darstellungen, wie sie *d'Alton* in seinem Aufsatz [80] gibt von den Umwandlungen der Arten, wie sie vor sich gehen könnten, bewegen ihn auf's höchste, und er schreibt dazu:

„Man erlaube uns einigen poetischen Ausdruck, da überhaupt Prose wohl nicht hinreichen möchte. Ein ungeheurer Geist, wie er im Ozean sich wohl als Walfisch darthun konnte, stürzt sich in ein sumpfig-kiesiges Ufer einer heissen Zone; er verliert die Vorteile des Fisches, ihm fehlt ein tragendes Element, das dem schwersten Körper leichte Beweglichkeit durch die mindesten Organe verleiht. Ungeheuere Hilfsglieder bilden sich heran, einen ungeheueren Körper zu tragen. Das seltsame Wesen fühlt sich halb der Erde, halb dem Wasser angehörig und vermisst alle Bequemlichkeit, die beide ihren entschiedenen Bewohnern zugestehen. Und es ist sonderbar genug, dass diese Sklaverei, ‚das innere Unvermögen, sich den äussern Verhältnissen gleich zu stellen', auch auf seine Abkömmlinge übergeht, die, obgleich im entgegengesetzten Sinne, ihre Herkunft nicht verleugnen [79]."

So war es also das Ungenügen der „Prose", die ihn veranlaßte, solche entwicklungstheoretischen Gedanken auch in der Walpurgisnacht des II. Faust auszusprechen, ihnen also einen „poetischen Ausdruck" zu geben.

Immer weniger ist es das Statisch-Morphologische, das ihn beschäftigt, vielmehr tritt — wie in den entwicklungstheoretischen Gedanken schon deutlich — das Verhältnis der Organe zu ihren Funktionen immer mehr in seinen Gesichtskreis, und das nicht nur in bezug auf das Tier, sondern auch auf den Menschen. So schreibt er noch wenige Tage vor seinem Tode an *Wilhelm von Humboldt* [61]:

„Die Thiere werden durch ihre Organe belehrt, sagten die Alten; ich setze hinzu: die Menschen gleichfalls, sie haben jedoch den Vorzug, ihre Organe dagegen wieder zu belehren."

Und damit führt er einen Gedanken weiter, der erheblich über die früheren rein morphologischen Gesichtspunkte „jener treuen Jugendforschungen" hinausgeht, wenn er sagt:

„Die Organe des Menschen durch Übung, Lehre, Nachdenken, Gelingen, Misslingen, Förderniss, und Widerstand und immer wieder ein Nachdenken verknüpfen ohne Bewusstseyn in einer freyen Thätigkeit das Erworbene mit dem Angebornen, so dass es eine Einheit hervorbringt, welche die Welt in Erstaunen setzt."

Worauf sich dieser Hinweis bezieht, entnimmt man leicht einem Brief an *Zelter* vom 9. 6. 1831, in dem er von dem gleichen Gedanken ausgeht, ihn aber auf das musikalische Genie *Paganini* bezieht, der ja in der Tat „die Welt in Erstaunen setzte." Da heißt es [62]:

„In der Revue de Paris Nr. 1. den 1. May, dritter Jahrgang, steht ein merkwürdiger Aufsatz über Paganini. Er ist von einem Arzte, der ihn mehrere Jahre gekannt und bedient; dieser setzt auf eine gar kluge Weise heraus, wie dieses merkwürdigen Mannes musicalisches Talent durch Conformation seines Körpers, durch Proportionen seiner Glieder bestimmt, begünstigt, ja genöthigt werde, das Unglaubliche, ja das Unmögliche hervorzubringen. Es führt uns andere dieß auf jene Überzeugung zurück, dass der Organismus in seinen Determinationen die wunderlichen Manifestationen der lebendigen Wesen hervorbringe."

Dieser Aufsatz des französischen Arztes *Bennati* [63] mag *Goethe* schon in seinem Ansatz angesprochen haben, denn zu Beginn des Aufsatzes hebt der Verfasser hervor, er wolle nicht von den allzu bekannten physiognomischen Resultaten *Lavaters* oder den kraniologischen Ergebnissen *Galls* ausgehen, sondern von den naturgegebenen anatomischen Determinationen, die die Grundlage bilden für eine erfolgreiche Übung, wie sie in *Paganini* jene ans Wunderbare grenzenden Leistungen ermöglicht habe. Er hebt die außerordentliche Dehnbarkeit der Kapselteile beider Schultergelenke hervor und die Schlaffheit der Bänder, die das Handgelenk mit dem Unterarm verbinden, ebenso die Handwurzelknochen mit den Mittelhandknochen und die Fingerglieder untereinander. Die Schmalheit des Thorax sowie diese Dehnbarkeit der Kapsel- und Bänderanteile der Gelenke sind ihm die entscheidenden Vorteile für den Geiger überhaupt, und bei *Paganini* böten sie gleichsam ebenso entscheidende Determinationen wie etwa die stimmlichen Gegebenheiten für den Sänger. Die Hervorhebung dieser anatomischen Determinationen in Verbindung mit dem Funktionsgedanken interessierten *Goethe* ganz besonders; sie waren ihm in gewisser Hinsicht, d. h. gerade in diesem Zusammenhange neu und überzeugten ihn davon, daß sie für den Erfolg einer systematischen Übung von entscheidender Bedeutung waren. Dies dem Musiker-Freunde *Zelter* mitgeteilt zu haben, lag ihm sehr am Herzen, und weiter klingt es wie eine Konfession, wenn er dem alten Freunde schreibt:

„Hier will ich nun, da noch etwas Raum ist, eines der grössten Worte niederschreiben, welches uns unsre Vorvordern zurückgelassen haben:

‚Die Thiere werden durch ihre Organe unterrichtet.'

Nun denke man sich, wie viel vom Thier im Menschen übrig bleibt, und dass dieser die Fähigkeit hat, seine Organe zu unterrichten, so wird man gern auf diese Betrachtungen immer wieder zurückkehren. Und nun schnell in's Couvert, damit es mich nicht reue, so Wunderliches auf das Papier gebracht zu haben.

und also so fortan! [62]

„So wunderlich" scheint uns Heutigen diese Vorstellung nicht, und also mutet diese geistige Schamhaftigkeit dem alten Freunde gegenüber uns seltsam an. Aber vor 130 Jahren, d. h. also: 30 Jahre vor dem Erscheinen von *Darwins* „Entstehung der Arten" und 40 Jahre vor seiner „Abstammung des Menschen" (1871) sowie *Haeckels* „Anthropogenie" (1874) waren solche Überlegungen zum mindesten besonders ungewohnt, weil sie an einen Musiker und nicht an einen Naturforscher gerichtet waren.

Überhaupt aber wäre es unrichtig, *Goethe* etwa eine monistische Weltanschauung zu unterlegen oder ihn gar als einen Vorläufer *Darwins* zu bezeichnen, eine Vorstellung, die ja gegenüber anderen von *O. Schmidt* [85] und *E. Haeckel* [86] mit Recht abgelehnt worden ist. Seine Weltanschauung unterscheidet sich allzu maßgebend von der des materialistischen Monismus der 2. Hälfte des 19. Jahrhunderts. Für ihn ist die Schöpfungskraft der Natur identisch mit einer Einheit von Körper, Geist und Seele, sein *ἓν καὶ πᾶν*, und selbst eine Abspaltung des Dichters von dem Naturforscher oder Geisteswissenschaftler wäre eine durchaus unrichtige Vergewaltigung. Dennoch ist es bis zu einem gewissen Grade verständlich, daß selbst kluge Männer seiner Zeit oft nur das eine oder das andere Spektrum gesehen haben, nicht aber das Gesamtgefüge seiner Schöpfungen, seiner Dichtungen sowohl als auch seiner naturwissenschaftlichen Forschungen.

Es gibt dazu ein sonderbares Zeitdokument, das der Heutige vielleicht anders deuten darf, als es *Goethe* selbst getan hat. *Alexander von Humboldt* hatte der deutschen Übersetzung seiner „Ideen zu einer Geographie der Pflanzen" [87] ein von *Thorwaldsen* geschaffenes Blatt als Widmung mit der Unterschrift „An Goethe" hinzufügen lassen. Auf der Abbildung 10 sieht man die Tafel mit der Aufschrift „Metamorphose der Pflanzen" zwischen zwei Gestalten angelehnt liegen. Apollo mit der Leier in der Linken enthüllt mit der Rechten eine isisartige Gottheit, die die Embleme der Fruchtbarkeit in den zahlreichen Brüsten und in den Reihen von Tierbildern aufweist, in einer Rangordnung angebracht. Dem dürfte somit der von *Alexander von Humboldt* an *Thorwaldsen* übermittelte bzw. aufgetragene Sinn zugrunde liegen, daß Apollo, der Gott der Künste, insbesondere der Dichtung und der Musik, die Aufdeckung verhüllter Naturzusammenhänge vornimmt, oder — anders ausgedrückt — der Dichtung das Primat, die führende Rolle für die Goethesche naturforschende Methodik zuschreibt. Eine solche Deutung muß als Allegorie bezeichnet werden, nicht jedenfalls kann ihr eine Symbolbedeutung zukommen.

Goethe selbst hat sich durch diese Widmung „hochgeehrt“ [88] gefühlt, und viele Jahre später veröffentlicht er in den Heften „Zur Morphologie“ [89] eine ausführlichere Stellungnahme dazu. In dieser Schrift sammelt er etwa 30 Jahre nach dem Erscheinen der „Metamorphose der Pflanzen“ positive Urteile von Fachleuten dazu, und in diesem Zusammenhang gedenkt er auch der Widmung *Alexander von Humboldts*; ein sehr verbindlicher Dank ist enthalten. Hinreichend negative, mißbilligende Urteile und mindestens ebenso die Tatsache stillschweigend übergangen zu werden, haben ihn gekränkt, und so tröstet er sich noch nach fast zwanzig Jahren mit dieser Widmung, „mit einem schmeichelhaften Bilde, wodurch er andeutet, dass es der Poesie auch wohl gelingen könne, den Schleier der Natur aufzuheben; und wenn Er es zugesteht, wer wird es leugnen? Ich halte mich verpflichtet, meinen Dank deshalb öffentlich auszusprechen“.

Das sind sehr verbindliche Dankesworte, „öffentlich ausgesprochen“, aber doch wohl nicht so ganz ehrlich gemeint. Er selbst ist ja äußerst zurückhaltend mit eigener Meinung über das allegorisch dargestellte Urteil *Alexander von Humboldts*, daß es der Poesie „auch wohl“ gelingen könne, naturwissenschaftliche Entdeckungen zu machen. Ihm kann zum mindesten das Primat der Poesie in diesem Zusammenhang nicht recht sein, ebensowenig aber die Ablösung und Trennung von Kunst und Natur in zwei Gestalten. Als Mann von Welt stellt er sich unter die Autorität *Humboldts* mit der sehr geschickten Frage: „... wenn Er es zugibt, wer wird es leugnen?“ Aber auch die Darstellung der Natur in der Gestalt einer isisartigen, ägyptisierenden Frauengestalt kann ihm nicht behagen, denn gerade von dieser Kunst hat er nicht viel gehalten:

> „Unserer Meinung halten sich Liebhaber gewöhnlich viel zu lange bei der ägyptischen Kunst auf, deren Verdienste meist nur ein historisches, selten ein höheres Kunstinteresse haben, und die sich gegen die freie Grösse vollendeter Werke wie das Buchstabieren zum Lesen, wie Stottern zum Rezitieren und Deklamieren verhalten.“

Ebensowenig kann ihm die Enthüllung der Geheimnisse der Natur durch die Dichtung behagen, der jedenfalls eine saubere Methodik „anschauender Urteilskraft“ [90] für das Entscheidende hielt. Hier wird gegenüber *Kant* ganz eindeutig gesagt, daß seine eigene Typenlehre in der organischen Natur durchaus den Charakter von Naturgesetzen der anorganischen Natur im Sinne der Kantischen Philosophie besitze. Hier ist durchaus nicht von dichterischer Phantasie die Rede.

Völlig unterdrückt aber hat er offensichtlich aus Courtoisie seine Mißbilligung der allegorischen Darstellung. Ihm war ja längst schon die Bedeutung der Symbolik für Dichtung, Wissenschaft und Leben aufgegangen, und demgegenüber die ganz schwache und begrenzte Aussagekraft der Allegorie, um die es sich ja in dem Bilde *Thorwaldsens* handelt [92]:

„Die Allegorie verwandelt die Erscheinung in einen Begriff, den Begriff in ein Bild, doch so, dass der Begriff im Bilde immer noch begrenzt und vollständig zu halten und zu haben und an demselben auszusprechen ist."

Vom Symbol dagegen sagt er:

„Die Symbolik verwandelt die Erscheinung in Idee, die Idee in ein Bild, und so, dass die Idee im Bilde immer unendlich wirksam und unerreichbar bleibt und, selbst in allen Sprachen ausgesprochen, doch unaussprechlich bliebe."

Aus diesen Überlegungen und *Goethes* eigenen Definitionen über Allegorie und das von ihm am höchsten geschätzte Symbol [103] darf man wohl sagen, daß seine Zustimmung zu dem Widmungsblatt nur eine höchst konziliante Dankesbezeugung war.

Nicht das Trennende, sondern das Gemeinsame, nicht das Vereinzelte, sondern das Einzelne sub specie des Universums ist seine Sache; „Der Augenblick ist Ewigkeit" ist somit nur der gleiche Aspekt. In solcher Geschlossenheit und Ganzheit ruht seine Konzeption von Tier und Mensch, und so ist auch das Tier, die Tierhaftigkeit, gleichsam eingeschlossen in die Idee des Menschenbildes. So wie für *Herder* „der Mensch ein Mittelgeschöpf unter den Tieren, d. i. die ausgearbeitete Form ist, in der sich die Züge aller Gattungen um ihn her im feinsten Inbegriff sammeln", so wird auch bei *Goethe* der Mensch aus der Tierhaftigkeit entwickelt. Aber so wie bei *Herder* der Mensch „der erste Freigelassene der Schöpfung" ist, der sich infolge dieser Freiheit zur Wahl erst entschieden vom Tier distanziert hat, so sieht es freilich auch *Goethe*, und zwar begreiflicherweise besonders lebhaft schon in den Jahren der Nähe zu *Herder*. Dafür ist ein Erlebnis vom Jahre 1784 aufschlußreich; es zeigt seine Überlegungen, wie denn nun im Einzelnen „alles Menschliche" sich darstellen könne oder solle, und wie es auch verdorben werden könne. Von der Reise in den Harz schreibt er aus Braunschweig an Frau *von Stein* [64] einen Brief in französischer Sprache, um der Briefkontrolle durch den Boten zu entgehen. Da heißt es:

„Heute Abend hat man Soldaten auftreten lassen, die aus Amerika zurückgekommen waren, und die — als Wilde verkleidet, tätowiert und angemalt einen ganz sonderbaren Eindruck machten. [Es war also ein Divertissement auf einer Soirée im Schlosse] Ich könnte nicht sagen, dass ihr Aussehen fürchterlich und dégoutant war, wie es manchen Personen der grossen Welt schien; ich bemerkte eigentlich nur die Anstrengung des menschlichen Geschlechts, in die Klasse der

Tiere zurückzukehren. Sie haben keine Idee davon, die sie über sich selbst erhebt ... Was ihren Tanz angeht und ihre Ausdrucksformen, so kommt das sehr nahe an die der Affen, ich erzähle später alles, was ich erfassen konnte ..."

Es ist das Jahr, in dem die Resultate der osteologischen Arbeit über den Zwischenkieferknochen abgeschlossen werden, das Jahr also, in dem festgelegt wird, daß gerade hier kein Unterscheidungsmerkmal zum Tier und zum Affen im besonderen gelegen ist. Es ist auch nur ein Jahr her, daß er im Tiefurter Journal jene bekannte Ode veröffentlicht, in der ganz entscheidend der Unterschied im sittlichen Verhalten und in der Freiheit zur Wahl sittlicher Verantwortung ausgedrückt ist:

„Edel sei der Mensch,
Hilfreich und gut,
Denn das allein
Unterscheidet ihn
Von allen Wesen,
Die wir kennen."

Nicht der Zwischenkiefer ist das Unterscheidungsmerkmal, sondern das moralische Verhalten, das die Unterscheidung vom Tier ausmacht. Das ist vielleicht allzu jugendlich-einseitig formuliert, denn wir würden die Sprache, die Kunst und die Wissenschaft unbedingt mit einbeziehen, aber aus dieser vergleichend-anatomischen Sicht mag es gelten.

Trotz dieses entscheidenden Unterschiedes bleibt ihm aber der „unvollkommenere Bruder" wegen der recht peinlichen Nähe unangenehm. Ihm sind es „garstige Tiere", wie Ottilie in den „Wahlverwandtschaften" sie nennt, nachdem ein Handbuch der Zoologie mit Abbildungen der Affen zur Unterhaltung gedient hat. Und diese Nähe ist ihm doch so auffällig, daß er eine Äußerung niedergelegt hat, auf einem unscheinbaren Zettel, die in die „Maximen und Reflexionen" aufgenommen ist [65],

„Wenn die Affen es dahin bringen könnten, Langeweile zu haben, so könnten sie Menschen werden."

Das klingt unseren Ohren heute sehr modern insofern, als die Langeweile, jedenfalls die tiefe Langeweile in den Vordergrund auch der philosophischen Anthropologie gerückt ist. Daß *Goethe* eine solche Äußerung getan hat, weist zum mindesten daraufhin, daß er sich über diese Grundbefindlichkeit einer solchen tiefen Langeweile durchaus klar gewesen ist, wenngleich sie ihm in der existentiellen Schärfe, wie sie *Heidegger* formuliert, nicht entgegengetreten sein dürfte [66].

„Die tiefe Langeweile, in den Abgünden des Daseins wie ein schweigender Nebel hin- und herziehend, rückt alle Dinge, Menschen und einen selbst mit ihnen in eine merkwürdige Gleichgültigkeit zusammen. Diese Langeweile offenbart das Seiende im Ganzen."

Aus seinen Werken läßt sich keine Niederschrift finden, daß er einen solchen Tiefgang je erlebt hat [93], aber ein solcher Bezug allein ist ein sehr deutlicher Hinweis auf die entscheidende Bedeutung geistig-seelischer Inhalte einschließlich der moralischen Verpflichtung im weitesten Sinne. Aus derartigen Überlegungen heraus tritt auch der Gedanke, ob denn descendenztheoretische Hypothesen schon beim Menschen am Ende angelangt sein sollten; sicher nicht, sagt das Gedicht „Eins und Alles" aus:

„Denn alles muss in Nichts zerfallen,
Wenn es im Sein beharren will."

Nichts konnte ihm also ferner liegen als die Vorstellung von einem Innehalten, einem Stillstand der Entwicklung in der Natur, gleichgültig ob es sich um Pflanze oder Tier handelt. So ist es auch ganz folgerichtig, daß sich ihm gelegentlich der Gedanke aufdrängt, ob nicht auch in der Entwicklung des Menschen, besser: in der Menschheitsentwicklung, weitere Wege offenständen. Auf eine solche Weise könnte dann auch der Abstand zum „unvollkommeneren Bruder" vergrößert, seine Seinsform vertieft werden. In einem Gespräch mit *Falk* [67] kommt dies recht eindeutig zum Ausdruck, zum mindesten als berechtigte Frage. Da meint *Goethe*:

„Man denke sich die Natur, wie sie gleichsam vor einem Spieltische steht und unaufhörlich au double! ruft, d. h. mit dem bereits Gewonnenen durch alle Reiche ihres Wirkens glücklich, ja bis ins Unendliche wieder fortspielt. Stein, Tier, Pflanze, alles wird nach einigen solchen Glückswürfen beständig von neuem wieder aufgesetzt, und wer weiss, ob nicht auch der ganze Mensch wieder nur ein Wurf nach einem höheren Ziele ist?"

Auch das klingt wieder höchst modern, denn es erinnert unmittelbar an jenen im Affenhaus des Frankfurter Zoo angebrachten Ausspruch des bekannten Verhaltensforschers *Konrad Lorenz*:

„Zwischen dem Affen und dem Menschen stehen wir."

Der Mensch also ist ein unvollkommenes und zu einer höheren Organisationsform befähigtes und auch verpflichtetes Wesen, oder, wie *Nietzsche* es ausdrückt [94]:

„Der Mensch ist ein Seil, geknüpft zwischen Tier und Übermensch."

Ähnliche Gedanken hat der französische Naturforscher *Lecomte Du Nouy* [68] in seinem Buch „Human Destiny" ausgesprochen; auch er hält die organische Entwicklung des Menschen für abgeschlossen, aber die weitere Wegrichtung sei die einer sittlichen Vervollkommnung.

Der Mensch unserer Tage freilich könnte an der Realisierbarkeit eines solchen Auftrages manchmal verzweifeln, denn die Zeichen der Gegenwart deuten nicht allzusehr auf einen sichtbaren Aufbruch zu einer derartigen Wanderung mit dem Ziele einer sittlichen Erneuerung oder Reifung der Menschheit. Von solchen manchmal bedrückenden Gedanken her sollte zum Schluß aber vielleicht doch eine wenig bekannte und dennoch gerade so großangelegte Konfession *Goethes* herangezogen werden, die in der Tat den Blick von der unscheinbarsten Erscheinung der Natur hinaufweist in größte geistige Höhen, und dies ganz ohne einen romantisierenden Beigeschmack.

Es ist bekannt, daß *Carus* durch die Naturbetrachtung *Goethes* fruchtbarste Eindrücke und Anregungen erhalten hat, und so braucht auf Einzelheiten in dieser Richtung nicht eingegangen zu werden. *Carus* hatte, als er 1821 *Goethe* in Weimar besuchte, von seinen Arbeiten über das Schalen- und Knochengerüst von Muscheln und Schnecken gesprochen und ein größeres Werk mit Abbildungen zu diesem Gegenstand angekündigt, das dann auch 1828 in endgültiger Form erschienen ist. Aber schon 1823 war durch *Goethe* ein empfehlender Hinweis auf dieses Werk gegeben worden [69], da er es für allgemein-wichtig hielt und da es ihn zu eigenen Betrachtungen veranlaßt hatte. Ihm geht es dabei um die Formgestaltung der Lepaden, der sogen. Entenmuscheln. In einem Schreiben an Prof. *Lenz* [70], den Direktor der naturwissenschaftlichen Sammlungen in Jena, bittet er darum, ihm für kurze Zeit die Exemplare der Lepas zuzusenden, die in den Sammlungen enthalten seien, und zwar sowohl Lepas anatifera als auch Lepas polliceps. In seinem Aufsatz ,,Die Lepaden" [71] schildert er den Bau dieser mehrschaligen sog. Entenmuschel Lepas anatifera und hebt die 5 Schalenpunkte hervor, „welche, sobald sie in die Wirklichkeit eingetreten, sich bis auf einen bestimmten Grad zu vergrößern nicht ablassen." Aber eine tiefere Einsicht meint er aus der Betrachtung der Lepas polliceps zu gewinnen. Die Abbildung 11 ist einem Werk *Cuviers* [53] entnommen, sie zeigt in der Mitte der obersten Bildreihe die Lepas anatifera und genau unterhalb davon, also in der Mitte der gesamten Bildtafel, den sog. Fuß von Lepas polliceps, für die *Goethe* ganz besonderes Interesse aufgebracht hat. Der Tatbestand der auch in der Abbildung deutlichen Wärzchen in der Haut des Schlauches veranlaßt ihn zu folgenden Überlegungen:

„Wir aber nehmen uns die Freiheit, zu behaupten, eine jede dieser kleinen Erhöhungen sei von der Natur mit Fähigkeit begabt, eine Schale zu bilden, und weil wir dies denken, so glauben wir es wirklich bei mässiger Vergrösserung vor Augen zu sehen. Diese Punkte jedoch sind nur Schalen der Möglichkeit, welche nicht wirklich werden, so lange der Schlauch sein anfängliches natürliches Engenmass behält. Sobald aber am unteren Ende das wachsende Geschöpf seine nächste Umgebung ausdehnt, so erhalten sogleich die möglichen Schalen einen Antrieb wirklich zu werden . . ."

Er fährt dann fort:

„Nun waltet zwar bei Lepas polliceps dieses Gesetz immer noch vor, aber ohne Zahleinschränkung; denn hinter den fünf Hauptpunkten der Schalenwerdung entstehen abermals eilige Nachschalen, deren das innere wachsende Geschöpf bei Unzulänglichkeit und allzu früher Stockung der Hauptschalen zu fernerer Hilfe des Zudeckens und Sicherns bedarf.

Hier bewundern wir die Geschäftigkeit der Natur, den Mangel der ausreichenden Kraft durch die Menge der Thätigkeiten zu ersetzen . . ."

Die Sammlungspräparate von Lepas anatifera und Lepas polliceps, die *Lenz* ihm geschickt hat, sind im Zoologischen Institut in Jena jetzt nicht mehr vorhanden; die unzureichende Konservierungstechnik jener Zeit ist schuld daran. Wichtiger ist, daß sich vieles geändert hat in der zoologischen Interpretation gegenüber den Überlegungen *Goethes.* Die Zoologie zählt die Lepaden heute nicht mehr zu den Conchylien, zu den Muscheln, sondern vielmehr zu den Krebsen. Unhaltbar ist auch nach dem Urteil heutiger Zoologen jene außerordentliche Produktionskraft von Lepas polliceps, die *Goethe* so ganz ungewöhnlich stark bewegt hat. Aber es kommt hier gar nicht auf die Richtigkeit im zoologischen Sinne an, sondern auf die — freilich höchst subjektive — Vorstellung *Goethes* von der Schöpferkraft der Natur überhaupt. Er bleibt nicht auf dem Niveau einer rein zoologisch-begrenzten Betrachtung stehen — zugegeben, daß diese ganz falsch ist —, sondern er schließt diesen kurzen, viel zu wenig beachteten Aufsatz mit einem Bekenntnis großartigster Dimensionen, ausgelöst durch nichts anderes als die bei den Entenmuscheln wirksam werdende natura naturans:

„Da ich nach meiner Art zu forschen, zu wissen und zu geniessen mich nur an Symbole halten darf, so gehören diese Geschöpfe zu den Heiligtümern, welche fetischartig immer vor mir stehen und durch ihr seltsames Gebilde die nach dem Regellosen strebende, sich selbst immer regelnde und so im Kleinsten wie im Grössten durchaus gott- und menschenähnliche Natur sinnlich vergegenwärtigen."

Der Naturforscher und der Dichter, sie beide aus der „Wahrheit der fünf Sinne", erkennen in der Entenmuschel das Symbol der „gott- und menschenähnlichen Natur". Hier schließt sich der Kreis, der mit der Frage „Tier und Mensch in naturwissenschaftlicher Sicht *Goethes*" begann. Für ihn war es ein glückliches Gelingen, Naturwissenschaft und Dichtung aus einer Ganzheit seines Seins zu schöpfen, und für ein solches glückliches Gelingen fand er ein Symbol, mit dem geschlossen sein möge. Er schreibt von solchen Überlegungen her an *von Trebra* [72]:

„Man bedient sich als Symbol der Ewigkeit der Schlange, die sich in einen Reif abschliesst; ich betrachte diess hingegen gern als Gleichniss einer glücklichen Zeitlichkeit. Was kann der Mensch mehr wünschen, als dass ihm erlaubt sey, das Ende an den Anfang anzuschliessen . . ."

Man erinnere sich der Bemerkung aus der vergleichend-anatomischen Arbeit, in der er schreibt:

„Die Schlange steht in der Organisation weit oben . . . ihr Körper ist gleichsam unendlich . . ."

Hier klingt ja schon in der osteologischen Arbeit ein Symbolcharakter an, und ein solches Glückssymbol hat er auch auf Kärtchen verwendet, die er Freunden zu besonderen Anlässen mit seinen Wünschen zu senden pflegte. Da sich der Ring glücklicher und ins Unendliche gehobener Naturschau zu dem Problem Tier und Mensch hier schließt, mag ein solches Glückwunschkärtchen [73] gezeigt werden, mit der Schlange, die sich in den Schwanz beißt und somit einen Kreis schließt (Abb. 12). Eingeschlossen sind Sätze, die fraglos *Herder* ihm nahe gebracht haben dürfte, Sätze des Philosophen *Thomas Campanella*:

„Scientia infinita est
Sed qui Symbola animadverterit
omnia intelligit,
licet non omnino."

LITERATUR

Buchwald, E.: Naturschau mit Goethe. Stuttgart 1960.

Förster, Brix: Methode und Ziel in Goethes naturwissenschaftl. Forschung. Goethe-Jhrb. XXVII. 1906.

Goethe, J. W. v.: Sämtl. Werke. Weimarer Ausgabe. W. A. (Sophienausgabe) 1887–1919.

Goethe, J. W. v: Naturwissenschaftliche Schriften (R. Steiner) Stuttgart. o. J.

Goethes Naturwissenschaftl. Denken und Wirken. (v. Helmholtz, Dohrn, J. Schiff.) Die Naturwissenschaften Berlin 1932.

Hassenstein, B.: Goethes Morphologie als selbstkrit. Wissenschaft. Goethe. Neue Folge. XII. 1950.

Hoppe, H.: Goethe als Naturforscher. I. Goethe Jahrb. XXX. 1909. II. Goethe Jahrb. XXXII. 1911.

Jablonski, W.: Vom Sinn der Goetheschen Naturforschung. Berlin 1927.

Jablonski, W.: Die geistesgeschichtliche Stellung der Naturforschung Goethes. Jahr. d. Goethe-Ges. 15. Bd. 1929.

Jablonski, W.: Goethe e le Scienze naturale. Bari 1938.

Kries, J. v.: Goethe als Naturforscher, Jhrb. d. Goethe-Ges. 7. Bd. 1920.

Meyer-Abich, A.: Biologie der Goethezeit. Stuttgart 1949.

Schmid, G.: Goethe und die Naturwissenschaften. Halle 1940.

Spranger, E.: Goethe und die Metamorphose des Menschen. Jhrb. d. Goethe-Ges. 10. Bd. 1924.

Virchow, R.: Goethe als Naturforscher. Berlin 1861.

Wachsmuth, B.: Goethes anthropologischer Typus: der „Lebemensch". Goethe. Neue Folge XXIII. 1961.

Wachsmuth, B.: Goethes Naturforschung und Weltanschauung. Goethe. Neue Folge. XIV/XV. 1952/53.

Wachsmuth, B.: Goethes naturwissenschaftliche Lehre von der Gestalt. Viermonatsschrift Goethe. Neue Folge IX. 1944.

Wachsmuth, B.: Die Entwicklung von Goethes naturwissenschaftlicher Denkweise. Goethe. Viermonatsschrift 6. Bd. H. 3. 1941.

Wohlbold, H.: Die Naturerkenntnis im Weltbild Goethes. Jhrb. d. Goethe-Ges. 13. Bd. 1927.

[1] *Eckermann:* Gespräche mit Goethe. (2. 8. 1830).
[2] *Goethe:* W. A. 37, 256ff.
[3] *Lavater, J. C.:* Im neuen Reich 1878 II, 599, Brief an Zimmermann vom 4. 5. 1773.
[4] *Goethe:* W. A. 28, 257ff.
[5] *Goethe:* W. A. IV, 2, 157.
[6] *Goethe:* W. A. IV, 2, 43.
[7] *Lavater, J. C.:* Physiognomische Fragmente IV Versuche. Leipzig und Winterthur. 1775–1778.
[8] *Lavater-Sloman, M.:* Genie des Herzens. Zürich 1955.
[9] *Hellen, E. v. d.:* Goethes Anteil an Lavaters Physiognomischen Fragmenten. Frankfurt/M. 1888.
[10] *Schlechta, K.:* Goethe in seinem Verhältnis zu Aristoteles. Frankfurt/M. 1938.
[11] *Goethe:* W. A. 33, 209ff.
[12] *Goethe:* W. A. 29, 103ff.
[13] *Goethe:* W. A. IV, 3, 5.
[14] *Goethe:* W. A. IV, 3, 20.
[15] *Goethe:* W. A. IV, 3, 36ff.
[16] *Goethe:* W. A. IV, 4, 112.
[17] *Goethe:* W. A. IV, 5, 209ff.
[18] *Goethe:* W. A. 27, 67.
[19] *Goethe:* W. A. 27, 238.
[20] *Goethe:* W. A. 27, 257/58.
[21] *Goethe:* W. A. IV, 5, 220.
[22] *Goethe:* W. A. III, 1, 134–36. 140.
[23] *Goethe:* W. A. IV, 6, 224.
[24] *Herder, J. G. v.:* Sämtl. Werke. Stuttgart und Tübingen 1827. 5. Buch, I.
[25] *Camper, P.:* In Naturkundige Verhandlingen von den Orang Outang. Amsterdam 1782.
[26] *Blumenbach, J. Fr.:* Geschichte und Beschreibung der Knochen des menschlichen Körpers. Göttingen. 1786.
[27] *Goethe:* W. A. IV, 6, 258.
[28] *Goethe:* W. A. IV, 6, 259.
[29] *Goethe:* W. A. IV, 6, 277.
[30] *Goethe:* W. A. IV, 6, 292ff.
[31] *Goethe:* W. A. IV, 6, 287ff.
[32] *Goethe:* W. A. IV, 6, 409ff.
[33] *Goethe:* W. A. IV, 6, 356/57.
[34] *Goethe:* W. A. IV, 6, 389/90.
[35] *Goethe:* Hefte Zur Morphologie I. Bd. H. 2. 1820.
[36] *Goethe:* Verh. d. Kaiserl. Leopoldin. Akademie d. Naturforscher XV. Bd. 1831.
[37] *Goethe:* W. A. IV, 8, 232.

[38] *Goethe:* W. A. II, 8, 118/19.
[39] *Loder, J. Chr.:* Anatomisches Handbuch. 1788. S. 89.
[40] *Sömmering, S. Th.:* Knochenlehre., 1791. S. 160.
[41] *Goethe:* W. A. II, 11, 17.
[42] *Goethe:* W. A. 35, 15ff.
[43] *Goethe:* W. A. II, 8, 167ff.
[44] *Oken, L.:* Programme zur Naturphilosophie. Jena. 1807.
[45] *Goethe:* W. A. II, 8, 11.
[46] *Goethe:* W. A. III, 2, 246.
[47] *Goethe:* Gedichte und Epen. I. Hamburger Ausgabe. E. Trunz: Anmerkung S. 509–512.
[48] *Goethe:* W. A. 15, 1, 169. Vers 8324ff.
[49] *Goethe:* W. A. II, 7, 12.
[50] *Goethe:* W. A. II, 6, 1.
[51] *Buffon, G. L. Lerclec de:* Histoire naturelle générale et particulière du Cabinet du roi (zus. mit d'Aubenton) 1749.
[52] *Lamarck, J.:* Philosophie zoologique Leipzig 1809.
[53] *Cuvier, G.:* Le règne animal distribué d'après son organisation pour servir de base . . . Paris 1797/98.
[54] *Geoffroy de St. Hilaire, E.:* Principes de Philosophie zoologique. Paris 1830.
[55] *Goethe:* W. A. III, 12, 277.
[56] *Goethe:* W. A. III, 12, 282.
[57] *Soret, Fr.:* Conversations avec Goethe. Paris 1932. S. 121.
[58] *Goethe:* W. A. II, 7, 167ff.
[59] *Goethe:* W. A. II, 8, 233ff.
[60] *Goethe:* W. A. II, 8, 244ff.
[61] *Goethe:* W. A. IV, 49, 281ff.
[62] *Goethe:* W. A. IV, 48, 224.
[63] *Bennati:* Sur Paganini. Revue de Paris. T. 26. Paris 1831. Notice physiologique.
[64] *Goethe:* W. A. IV, 6, 341ff.
[65] *Goethe:* W. A. 42, II, 228.
[66] *Heidegger, M.:* Was ist Metaphysik? Frankfurt/M. 1960. S. 30/31.
[67] *Falk, J.:* Goethe aus näherem persönlichen Umgange dargestellt. Leipzig 1832.
[68] *Lecomte du Nouy:* Human destiny. USA. 1947.
[69] *Goethes* Naturwissenschaftliche Schriften (Rud. Steiner). I. Band. S. 429ff.
[70] *Goethe:* W. A. IV, 37, 16.
[71] *Goethe:* W. A. II, 8, 255ff.
[72] *Goethe:* W. A. IV, 24, 92.
[73] *Suphan, B.:* Allerlei Zierliches von der alten Excellenz. Berlin 1900.
[74] *Goethe:* W. A. II, 11, 45.
[75] *Cuvier, G.:* Das Thierreich geordnet und seine Organisation. Leipzig 1831.
[76] Ehrengabe d. Friedrich-Schiller-Universität. Jena 1949.
[77] *Goethe:* W. A. IV, 2, 43.
[78] *Magnus, R.:* Goethe als Naturforscher. Leipzig 1906.

[79] *Goethe:* W. A. II, 8, 223.
[80] *d'Alton, E.:* Zur Morphologie I. Bd. H. 4. 1821.
[81] *Goethe:* Italienische Reise. Leipzig Inselverlag 1925. S. 231.
[82] *Aristoteles: Περὶ ζῴων μορίων.* Leipzig 1853 (v. Frantzius).
[83] *Goethe:* W. A. II, 8, 58.
[84] *Roger, J.:* 103, Versammlung d. Ges. Dt. Naturf. u. Ärzte. Weimar 1964.
[85] *Schmidt, Oskar:* Prag 1871.
[86] *Haeckel, E.:* Natürliche Schöpfungsgeschichte. Berlin 1873.
[87] *Humboldt, A. v.:* Ideen zu einer Geographie der Pflanzen. 1807.
[88] *Goethe:* W. A. 36, 8/9.
[89] *Goethe:* W. A. II, 6, s 63.
[90] *Goethe:* W. A. II, 11, 54ff.
[91] *Schlechta, K.:* Goethe. Viermonatsschrift d. Goetheges. III. 3. 1938.
[92] *Goethe:* Maximen und Reflexionen. Kröner/Stuttgart. 1943. 633 und 634.
[93] *Brednow, W.:* Goethe und die Langeweile. Neue Sammlung H. 1. 1964.
[94] *Nietzsche, Fr.:* Also sprach Zaratustra. I, 4.
[95] *Cahn, Th.:* Goethe u. Geoffroy de St. Hilaire. Goethe. Neue Folge. XXII. 1960.
[96] *Bräuning-Oktavio, H.:* Cuvier und Goethe. Goethe. Neue Folge. XXI. 1959.
[97] *Bräuning-Oktavio, H.:* Die Zeichnungen und Tafeln zu Goethes Abhandlung über den Zwischenkiefer. Goethe. Neue Folge. XXI. 1954.
[98] *Lubosch, W.:* Was verdankt die vergleichend-anatomische Wissenschaft den Arbeiten Goethes? Jhrb. d. Goetheges. 6. Bd. 1919.
[99] *Semper, M.:* Diluvium und prähistorische Menschheit bei Goethe. Goethe Jhrb. XXXIV. 1913.
[100] *Schwalbe, J.:* Goethe und die plastische Anatomie. D. m. W. 1896. 47.
[101] *Bardeleben, K. v.:* Goethe als Anatom. Goethe Jhrb. XIII. 1892.
[102] *Zarncke, Fr.:* Goethes Jugendportraits. Goethe Jhrb. IV. 1883.
[103] *Schlesinger, M.:* Schiller und Goethe in ihrer Stellung zum Symbolbegriff. Goethe-Jhrb. XXX. 1909.
[104] *Hansen, A.:* Goethes Metamorphose d. Pflanzen. Giessen. 1907.
[105] *Müller, J.:* Die Figur des Homunculus in Goethes „Faust". Sitzungsberichte d. Sächs. Akad. d. Wissensch. zu Leipzig. Philolog.-histor. Klasse. Bd. 108. H. 4. 1963.
[106] *Goethe:* W. A. II, 8, 70.
[107] *Kant, I.:* Ges. Schriften. Anthropologie. Bd. VII S. 117ff. der Ausg. d. Preuß. Akademie d. Wissensch. Berlin 1917.
[108] *Kant, E.:* Ges. Schriften. Kritik der Urteilskraft. Bd. V der Ausg. d. Preuß. Akademie d. Wissensch. Berlin 1913.

Abb. 1

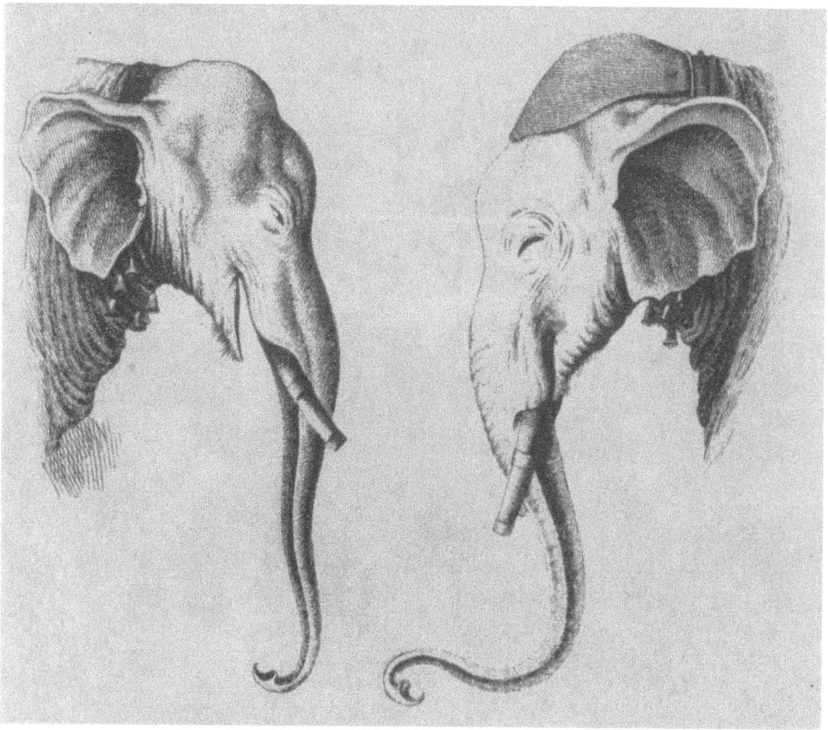

Abb. 2

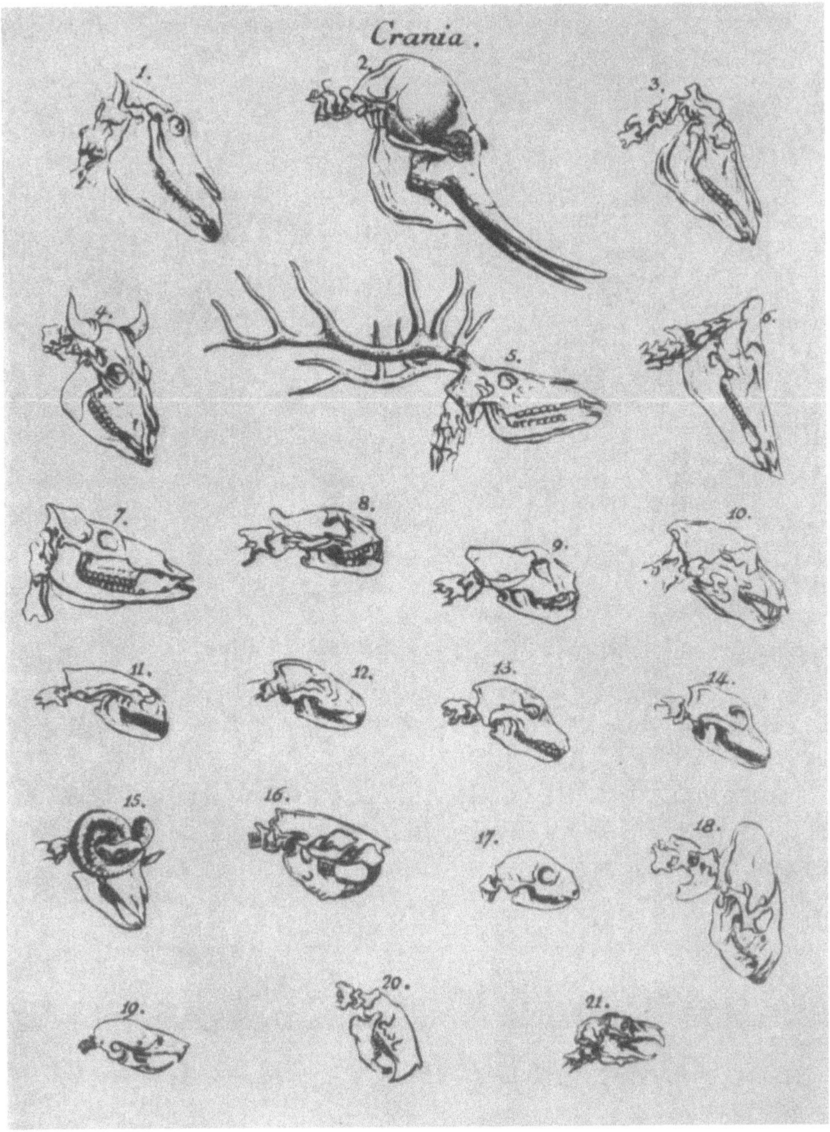

Abb. 3

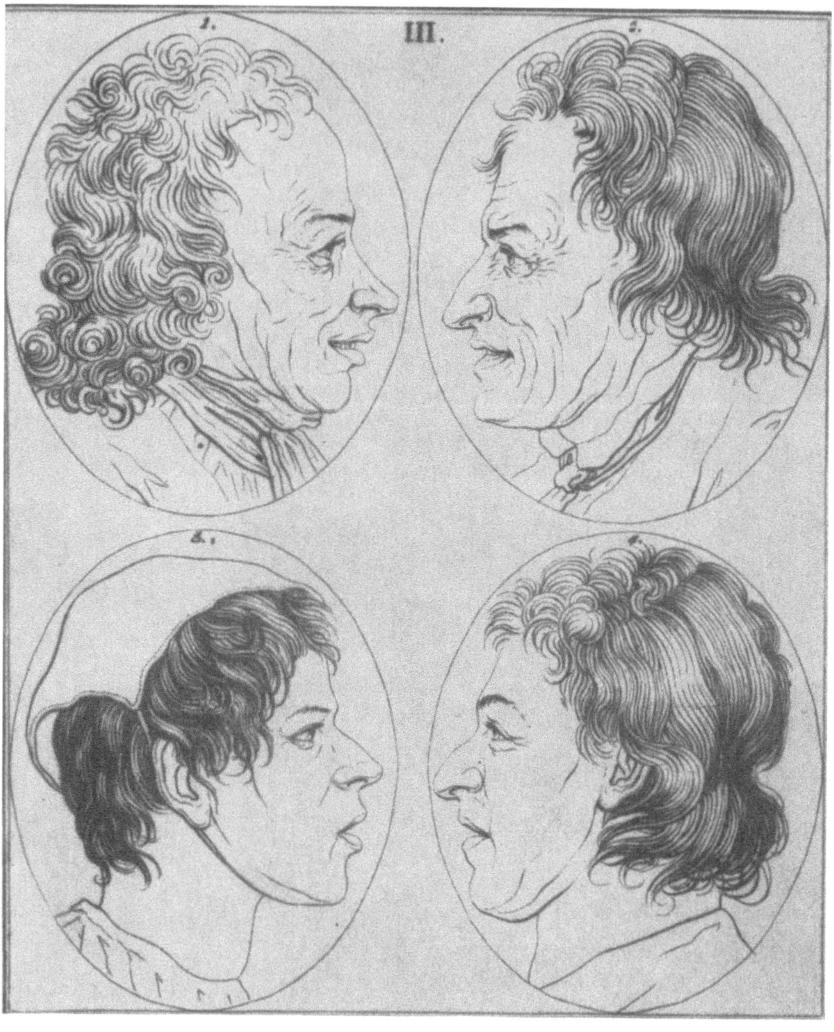

Abb. 4

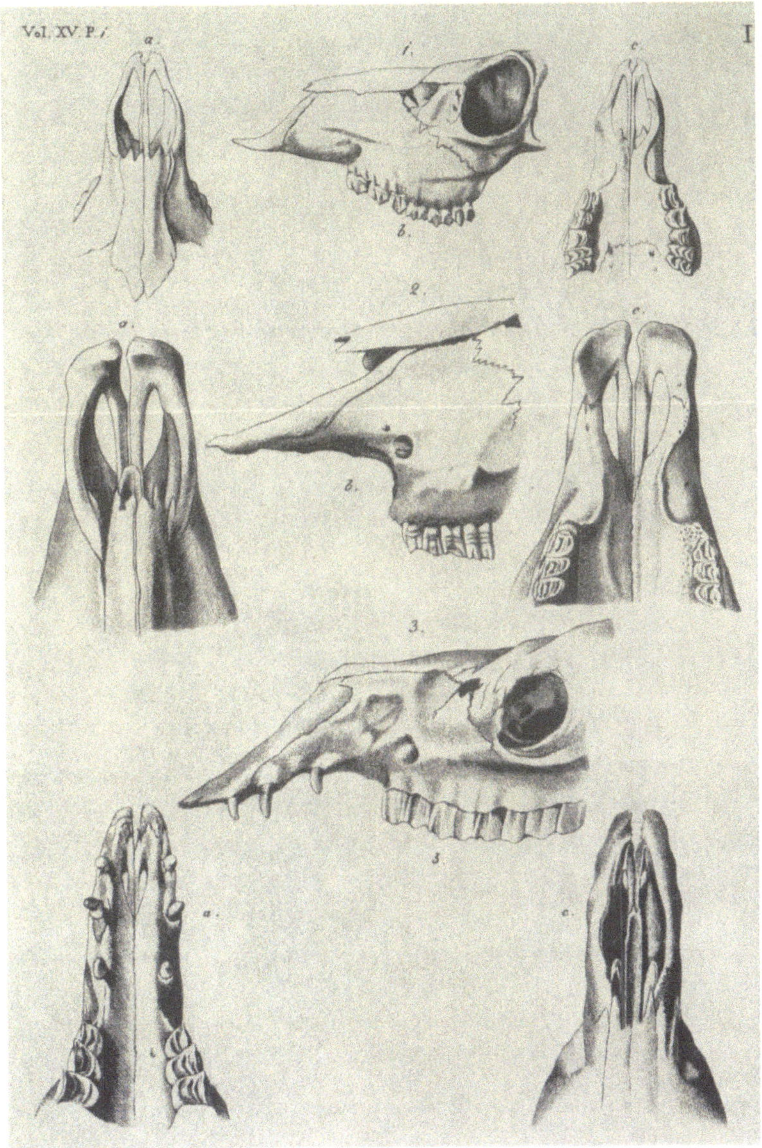

Abb. 5

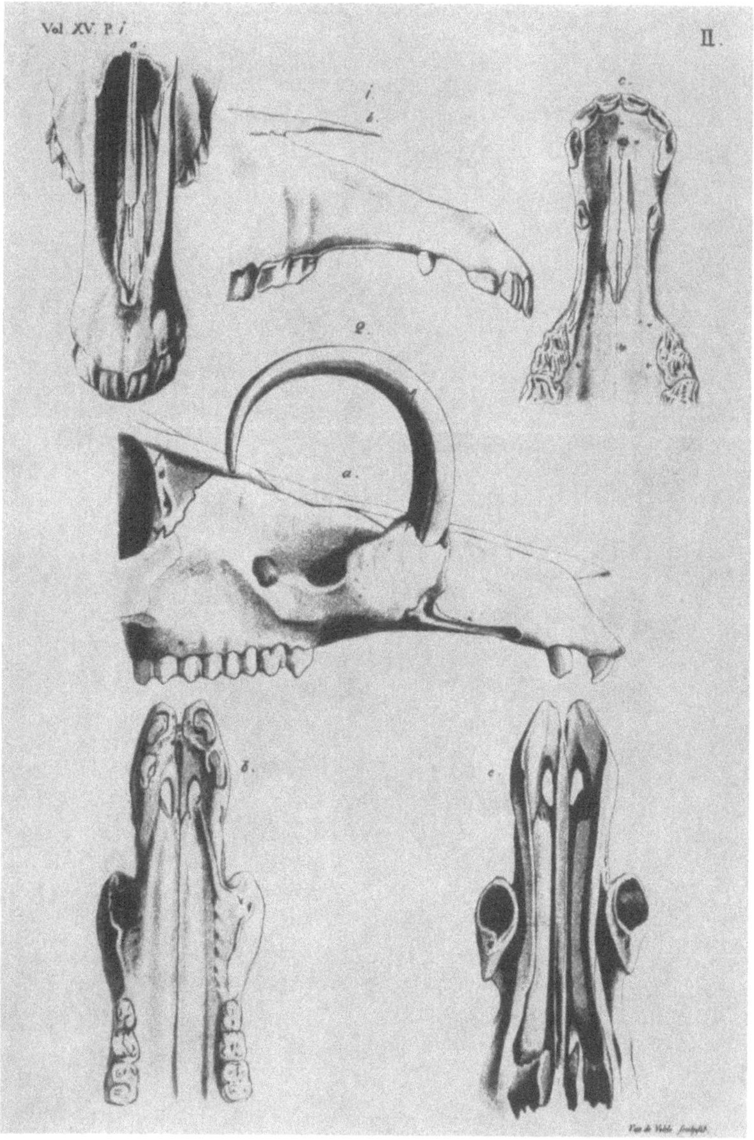

Abb. 6

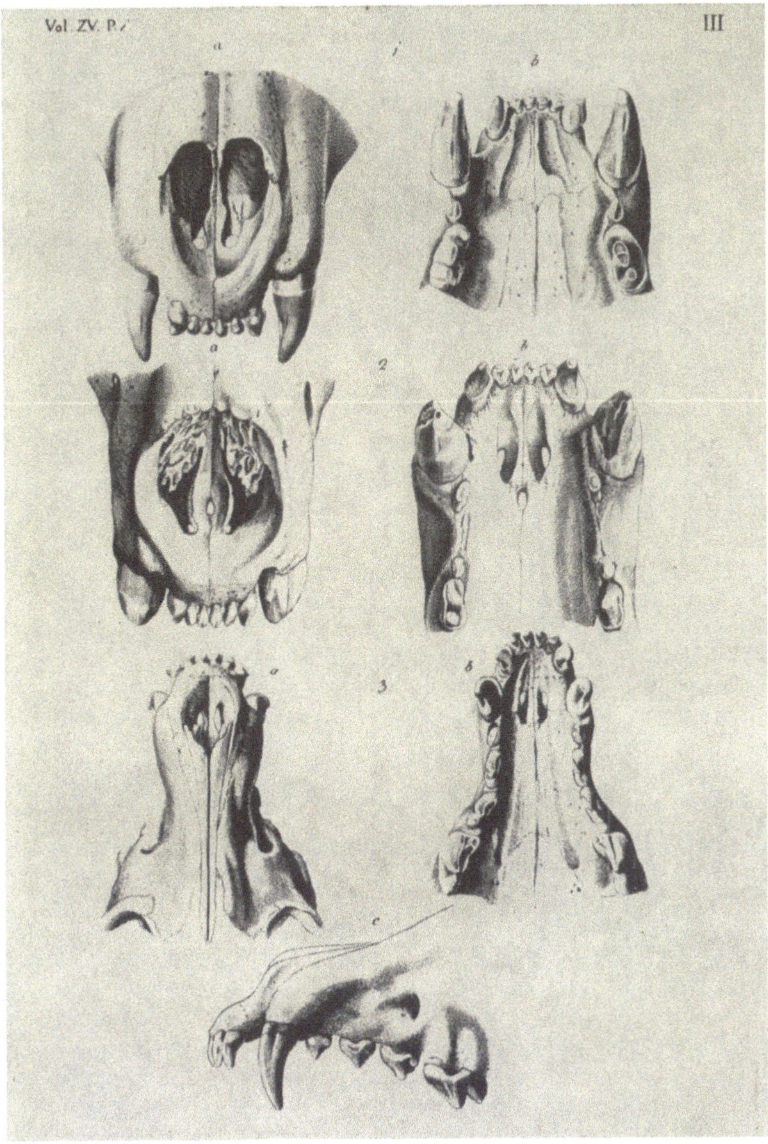

Abb. 7

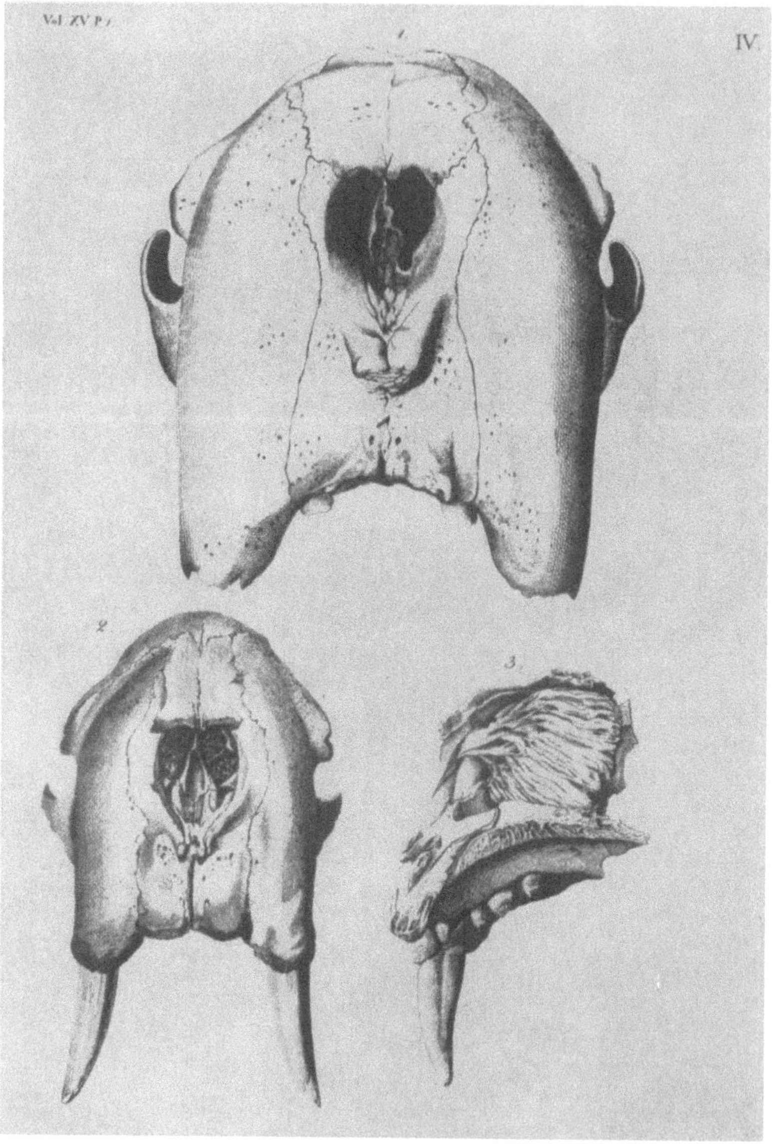

Abb. 8

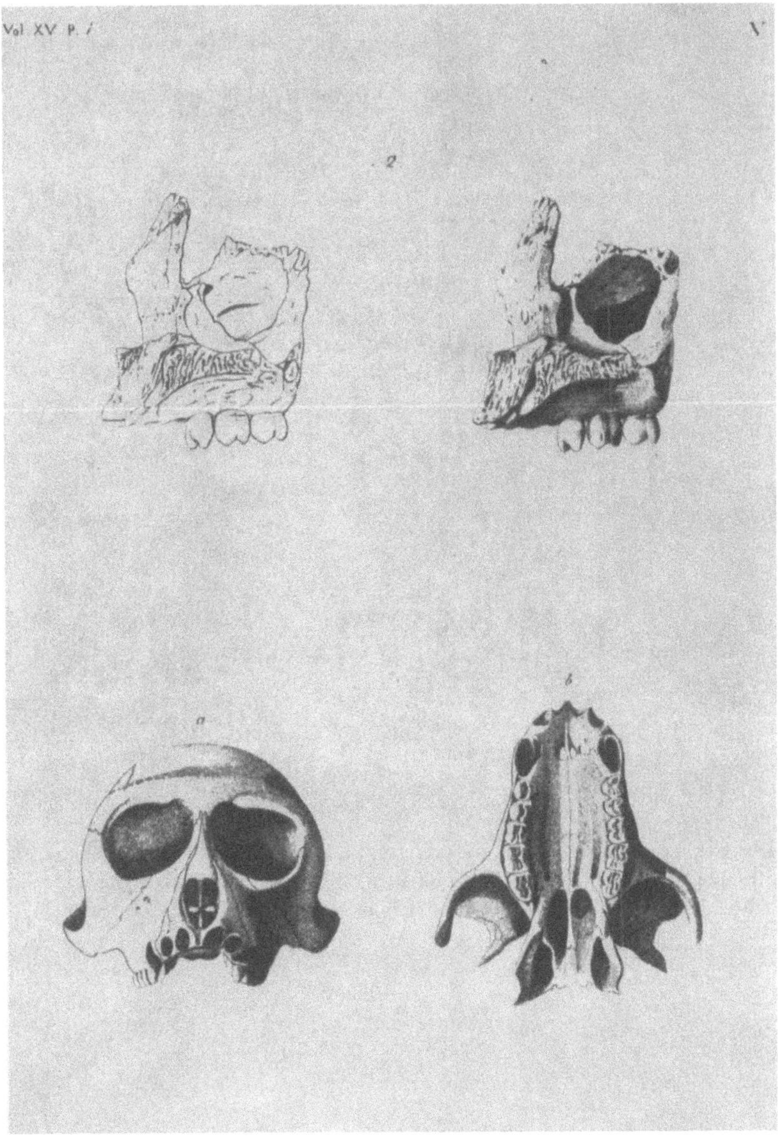

Abb. 9

Der Genius der Poesie entschleiert das Bild der Natur. Widmungsblatt zu Al. v. Humboldts Ideen zu einer Geographie der Pflanzen nebst einem Naturgemälde der Tropenländer. Tübingen 1807. Gezeichnet von Thorwaldsen. Darunter die Worte: An Goethe.

Abb. 10

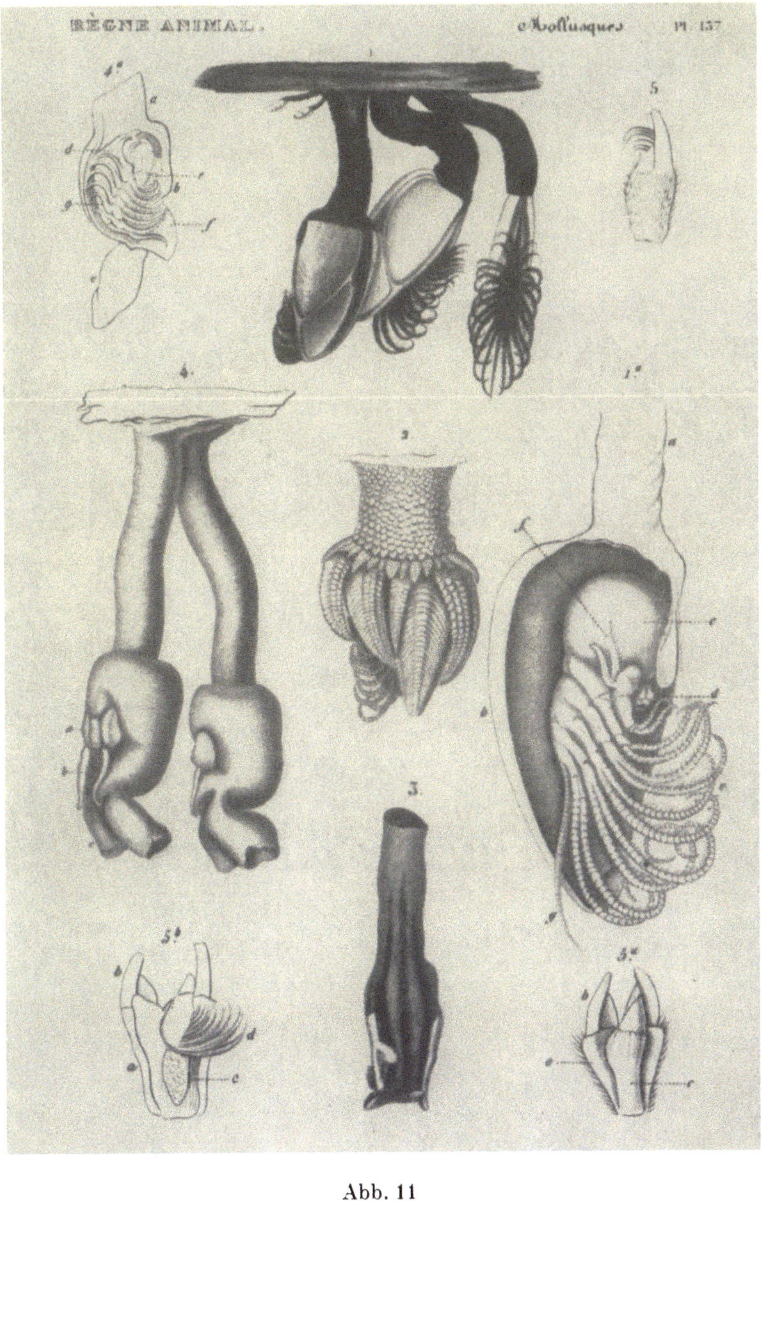

Abb. 11

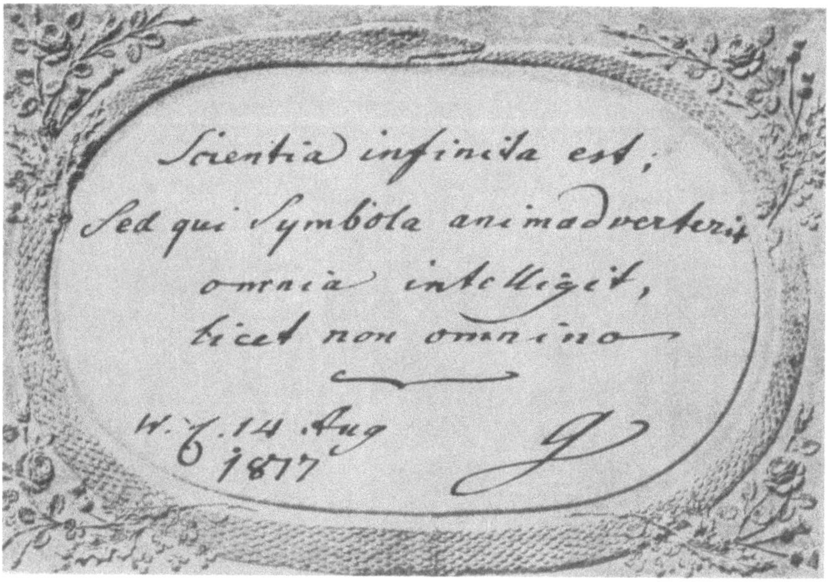
Scientia infinita est;
Sed qui Symbola animadverterit
omnia intelliget,
licet non omnino
14 Aug
1817

Abb. 12

Fortsetzung von der 2. Umschlagseite

Heft 5 Prof. Dr. ROBERT SCHRÖDER, Frauenheilkunde in Forschung und Praxis
1952. 22 Seiten – 8° – MDN 1,35

Heft 6 Dr. ROLF REISSIG, Die pandiagonalen Quadrate vierter Ordnung
1952. 54 Seiten – 8° – MDN 5,–

Heft 7 Prof. Dr. MAX ROBITZSCH, Die Erforschung der Atmosphäre, ihre Methodik und ihre Probleme
1953. 30 Seiten – 12 Abbildungen – 4 Kunstdrucktafeln – 8° – MDN 2,50

Band 101

Heft 1 Prof. Dr. KURT SCHWABE, Periodische Erscheinungen bei der anodischen Auflösung des Zinks
1954. 33 Seiten – 14 Abbildungen – 8° – MDN 3,–

Heft 2 Dr. UDO PIRL, Positive Lösungen einer nichtlinearen Integralgleichung
1953. 44 Seiten – 2 Abbildungen – 8° – MDN 4,–

Heft 3 Dr. JOACHIM FOCKE, Asymptotische Entwicklungen mittels der Methode der stationären Phase
2. unveränderte Auflage 1957. 48 Seiten – 8° – MDN 4,80 *(vergriffen)*

Heft 4 Prof. Dr. HANS SALIÉ, Zur Verteilung natürlicher Zahlen auf elementfremde Klassen
1954. 26 Seiten – 8° – MDN 2,50

Heft 5 Prof. Dr.-Ing. ENNO HEIDEBROEK, Die Verantwortlichkeit des Ingenieurs
1954. 22 Seiten – 8° – MDN 1,– *(vergriffen)*

Heft 6 Prof. Dr. HANS SCHUBERT / Dr. ERICH SCHINCKE, Zur Ermittlung von Unterschallströmungen mit der Transformationsmethode bei quadratischer Approximation der Adiabate
1955. 32 Seiten – 6 Abbildungen – 2 Tabellen – 8° – MDN 2,30

Heft 7 Dr. HELMUT SCHAEFER, Neue Existenzsätze in der Theorie nichtlinearer Integralgleichungen
1955. 40 Seiten – 8° – MDN 2,40

Band 102

Heft 1 Dr. PAUL GÜNTHER, Über einige spezielle Probleme aus der Theorie der linearen partiellen Differentialgleichungen zweiter Ordnung 1957. 50 Seiten – 8° – MDN 4,60 *(vergriffen)*

Heft 2 Prof. Dr. HANS SCHUBERT / Dr. ERICH SCHINCKE, Zum Konturproblem der Hodographenmethode im Unterschall 1957. 25 Seiten – 8° – MDN 2,20

Heft 3 Prof. Dr. FRANZ RUNGE, Über die Polymerisation ungesättigter organischer Verbindungen
1957. 13 Seiten – 1 Tabelle – 8° – MDN 1,–

Heft 4 Dr. VICTOR VÂLCOVICI, Une extension des liaisons non holonomes et des principes variationnels
1958. 39 Seiten – 8° – MDN 2,40

Heft 5 Dr. ROLF KLÖTZLER, Beiträge zur Theorie mehrdimensionaler Variationsprobleme mit geknickten Extremalen 1958. 72 Seiten – 8° – MDN 4,30

Heft 6 Prof. Dr. PAULA HERTWIG, Strahlenschäden und Strahlenschutz im zellulären Bereich
1957. 43 Seiten – 14 Abbildungen i. Text u. a. 4 Tafeln – 6 Tabellen – 8° – MDN 2,–

Heft 7 Prof. Dr. WILHELM TREIBS, Entwicklungslinien der organischen Chemie
1957. 25 Seiten – 8° – MDN 1,40

Band 103

Heft 1 Prof. Dr. GEORG SPACKELER, Über die Möglichkeit einer Lieferung von Magnesiumsulfat als Düngemittel seitens des Kalibergbaus der Deutschen Demokratischen Republik.
Prof. Dr. ANTON ARLAND, Magnesium im Landbau
1958. 38 Seiten – 1 Abbildung – 2 Landkarten – 8° – MDN 1,90

Heft 2 Prof. Dr. HEINRICH BREDT, Über den Tod. Eine naturwissenschaftliche Betrachtung
1958. 26 Seiten – 8° – MDN 1,10 *(vergriffen)*

Heft 3 Dr. HANS WUSSING, Über Einbettungen endlicher Gruppen 1958. 38 S. – 8° – MDN 2,50

Heft 4 Prof. Dr. ERNST NEEF, Über die Veränderlichkeit unserer geographischen Umwelt
1959. 19 Seiten – 8° – MDN 1,20

Heft 5 Prof. Dr. WOLFGANG LANGENBECK, Zur Biochemie der Spurenmetalle. Mit Diskussionsbeiträgen.
1959. 16 Seiten – 4 Tabellen – 8° – MDN 1,–

Heft 6 Prof. Dr. HANS SCHUBERT / Dr. ERICH SCHINCKE, Die Berechnung einer zirkulationslosen Unterschallströmung um den Kreiszylinder mit der Hodographenmethode
1959. 42 Seiten – 12 Abbildungen – 4 Tabellen – 8° – MDN 4,20

Heft 7 Prof. Dr. PAULA HERTWIG, Anpassung, Vererbung und Evolution
1959. 35 Seiten – 14 Abbildungen – 8° – MDN 3,20

Band 104

Heft 1 Prof. Dr. KARL SCHMALFUSS, Über das Ausmaß der biologischen Bindung des elementaren Stickstoffs. Der Einfluß assimilierbarer Stickstoffverbindungen
1960. 19 Seiten – 2 Abbildungen – 6 Tabellen – 8° – MDN 1,35

Heft 2 Prof. Dr. ANTON LISSNER, Charakteristische Eigenschaften der Braunkohlen
1960. 20 Seiten – 10 Abbildungen – 3 Tabellen – 8° – MDN 2,–

Heft 3 Prof. Dr. Fritz Stather, Zur Charakteristik pflanzlicher und synthetischer Gerbstoffe und deren kombinierte Verwendung bei der Gerbung 1960. 19 Seiten – 8° – MDN 1,10

Heft 4 Prof. Dr. Heinrich Prell, Bemerkungen zur Geschichte der englischen Längenmaß-Systeme 1962. 74 Seiten – 3 Tabellen – 8° – MDN 4,90

Heft 5 Prof. Dr. Ott-Heinrich Keller, Zur Berechnung des Galois'schen Körpers und der Galois'schen Gruppe einer Gleichung in erträglich vielen Schritten 1961. 23 Seiten – 8° – MDN 2,–

Heft 6 Dr. Rolf Klötzler, Die Konstruktion geodätischer Felder im Großen in der Variationsrechnung mehrfacher Integrale 1961. 84 Seiten – 1 Abbildung – 8° – MDN 7,–

Heft 7 Prof. Dr. Arthur Simon, Gitteraufbau und Katalyse bei der Gasentschwefelung 1961. 21 Seiten – 16 Abbildungen – 8° – MDN 2,10

Ab Band 105:
SITZUNGSBERICHTE DER SÄCHSISCHEN AKADEMIE DER WISSENSCHAFTEN ZU LEIPZIG

Band 105

Heft 1 Prof. Dr.-Ing. Fritz Obenaus, An der Grenze zwischen Hochspannungstechnik und Physik 1961. 19 Seiten – 14 Abbildungen – 8° – MDN 2,40

Heft 2 Prof. Dr. Georg Merrem, Die klinisch-biologische Wertigkeit der Hirngeschwülste 1962. 23 Seiten – 7 Abbildungen – 2 Tabellen – 8° – MDN 1,90

Heft 3 Dr. Erich Schincke, Stetige schallnahe Potentialströmungen um eine Familie symmetrischer Profile mit abgerundeter Nase und ihre Grenzlinieneigenschaften 1963. 73 Seiten – 23 Abbildungen – 8° – MDN 8,90

Heft 4 Prof. Dr. Wilhelm Maier, Aus der analytischen Zahlentheorie 1963. 15 S. – 8° – MDN 2,–

Heft 5 Prof. Dr. Wolfgang Buchheim, Zur Theorie der geoelektrischen Erkundungsmethodik und Systematik der geoelektromagnetischen Effekte 1964. 40 S. – 2 Tabellen – 8° – MDN 4,30

Hetf 6 Prof. Dr. Walter Brednow, Christoph Wilhelm Hufeland, Arzt und Erzieher im Lichte der Aufklärung 2., unveränderte Auflage 1964. 25 Seiten – 8° – MDN 1,65

Heft 7 Dr. Harald Hilbig, Existenzsatz für begrenzte Potentialströmungen mit Totwasser um ein vorgegebenes Hindernis 1964. 52 Seiten – 8° – MDN 5,20

Band 106

Heft 1 Prof. Dr. Egbert Schwarz, Über experimentelle Untersuchungen und klinische Erfahrungen beim alloplastischen Ersatz von Blutgefäßen 1963. 22 S. – 11 Abbildungen – 8° – MDN 2,45

Heft 2 Prof. Dr. Manfred Gersch, Hormone als Regulatoren von Lebensvorgängen 1963. 24 Seiten – 12 Abbildungen – 8° – MDN 2,50

Heft 3 Prof. Dr. med. Rolf Emmrich, Zur Problematik der Leberzirrhose 1964. 16 Seiten – 5 Abbildungen – 1 Tabelle – 8° – MDN 1,85

Heft 4 Prof. Dr. med. Albrecht Peiper, Kindernöte in alten Zeiten 1964. 26 Seiten – 4 Abbildungen – 8° – MDN 2,40

Heft 5 Prof. Dr. Wolfgang Langenbeck, Über den Mechanismus von Enzymwirkungen 1965. 19 Seiten – 7 Abb., davon 4 vierfarbig – 8° – MDN 4,40

Heft 6 *Vorliegendes Heft*

Einzel- oder Fortsetzungsbestellungen durch eine Buchhandlung erbeten.
Vor 1945 erschienene Berichte antiquarisch durch den Akademie-Verlag, Berlin, zum Teil noch lieferbar

AKADEMIE-VERLAG • BERLIN

FSC
www.fsc.org
MIX
Papier | Fördert gute Waldnutzung
FSC® C083411

Kolibri 360 GmbH
Ferdinand-Jühlke-Straße 7
99095 Erfurt, Deutschland
produktsicherheit@kolibri360.de